爱上内蒙古恐龙丛书

我心爱的巨盗龙

WO XIN'AI DE JUDAOLONG

内蒙古自然博物馆 / 编著

内蒙古人民出版社

图书在版编目(CIP)数据

我心爱的巨盗龙 / 内蒙古自然博物馆编著. —
呼和浩特 : 内蒙古人民出版社, 2024.1
(爱上内蒙古恐龙丛书)
ISBN 978-7-204-17743-1

Ⅰ. ①我… Ⅱ. ①内… Ⅲ. ①恐龙-青少年读物
Ⅳ. ①Q915.864-49

中国国家版本馆 CIP 数据核字(2023)第 194399 号

我心爱的巨盗龙

作　　者　内蒙古自然博物馆
策划编辑　贾睿茹　王　静
责任编辑　郭婧赟
责任监印　王丽燕
封面设计　李　娜
出版发行　内蒙古人民出版社
地　　址　呼和浩特市新城区中山东路 8 号波士名人国际 B 座 5 层
网　　址　http://www.impph.cn
印　　刷　内蒙古爱信达教育印务有限责任公司
开　　本　889mm×1194mm　1/16
印　　张　5.75
字　　数　160 千
版　　次　2024 年 1 月第 1 版
印　　次　2024 年 1 月第 1 次印刷
书　　号　ISBN 978-7-204-17743-1
定　　价　48.00 元

如发现印装质量问题,请与我社联系。联系电话:(0471)3946120

“爱上内蒙古恐龙丛书”
编 委 会

扫码进入>>

内蒙古恐龙新闻站

NEIMENGGU KONGLONG XINWENZHAN

恐龙快讯

恐龙寻呼机

恐龙访谈

恐龙拼图

玩拼图游戏
拼出完整的恐龙模样

内蒙古人民出版社 特约报道

内蒙古自治区二连浩特市
温度：30℃

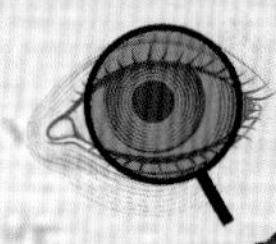

前　言

数亿年来，地球上出现过许多形形色色的动物，恐龙是其中最令人着迷的类群之一。恐龙最早出现在三叠纪时期，在之后的侏罗纪和白垩纪时期成为地球上的霸主。那时，恐龙几乎占据了每一块大陆，并演化出许多不同的种类。目前世界上已经发现的恐龙有1000多种，而尚未被发现的恐龙种类或许远超这个数字。

你知道吗？根据中国古动物馆统计，截至2022年4月，中国已经根据骨骼化石命名了338种恐龙，而且这个数字还在继续增长。目前，古生物学家在我国的26个省区市发现了恐龙化石，其中，内蒙古仅次于辽宁，是发现恐龙化石种类第二多的省区。

内蒙古现有40多种恐龙被命名，种类丰富，有很多具有重要的科研价值，如巴彦淖尔龙、独龙、乌尔禾龙和绘龙等。

你知道哪只恐龙创造过吉尼斯世界纪录吗？你知道哪只恐龙被称为“沙漠王者”吗？你知道哪只恐龙练就了“一指禅”功法吗？这些问题，在“爱上内蒙古恐龙丛书”中，都能找到答案。

“爱上内蒙古恐龙丛书”选取了12种有代表性的在内蒙古地区发现的恐龙，即巴彦淖尔龙、中国鸟形龙、临河盗龙、临河爪龙、乌尔禾龙、鄂托克龙、阿拉善龙、鹦鹉嘴龙、巨盗龙、绘龙、独龙和耀龙，详细介绍了这些恐龙的外形特征、发现过程以及家族成员等。每一种恐龙都有一张属于自己的“名片”，还有精美清晰的“证件照”，让呈现在读者面前的恐龙更加鲜活生动。

希望通过本丛书的出版，让大家看到内蒙古恐龙，乃至中国恐龙研究的辉煌成就，同时激发读者对自然科学的兴趣。

在丛书的编写过程中，我们借鉴了业内专家的研究成果，在此一并致谢！

第一章 恐龙驾到 · · · · · · · · · · · 01

恐龙访谈 · · · · · · · · · · · 03

我可不是江洋大盗！ · · · · 11

巨盗龙家族树 · · · · · · · 15

第二章 恐龙速递 · · · · · · · · · · · 17

瞧瞧我的大牙！ · · · · · · · · · 19

我的脑袋不见了！ · · · · · · · · 21

我是龙，不是鸟！ · · · · · · · · 23

我是真的很迷你哦！ · · · · · · 25

我可是窃蛋龙家族的前辈！ · · · 27

他们叫我“泥巴龙”！ · · · · · · 29

我左边的下颌骨呢？ · · · · · · 31

恐龙王国中的鹤鸵！ · · · · · · 33

第三章 恐龙猎人 · · · · · · · · · · · · 35

恐龙会感染冠状病毒吗？ · · · 37

来自中生代的“彩蛋” · · · · 55

不断变化的恐龙 · · · · · · · 69

第四章 追寻恐龙 · · · · · · · · · 79

窃蛋龙家族来报到 · · · · · 81

第一章 恐龙驾到

地球上曾出现过许多形形色色的生物，恐龙是其中最著名、最壮观的生物之一，也是充满魅力的生物。恐龙庞大的体形和惊人的力量，引发了无数人的想象和探索。

我心爱的巨盗龙

虽然目前仍有许多关于恐龙的秘密被埋藏于地下，等待着古生物学家解开。但是由于化石证据的缺乏，许多研究结果都只是暂时的推论，所以在古生物研究中会存在许多“冤假错案”，而这些“涉案”人员并不会为自己辩护，从而致使它们沉冤百年甚至千年，不得昭雪。

本书的主人公——巨盗龙，它的身上背负着家族百年冤屈，所以它最大的心愿就是为家族平反，把事情的真相通过访谈节目告诉大家……

内蒙古自治区二连浩特市

温度：30℃

公告：

全民呼吸疾病普查

秋冬季节为呼吸道疾病高发季节，为积极响应“健康恐龙王国”的号召，落实呼吸道疾病早检查、早预防、早治疗措施，为患者提供科学治疗方案，恐龙王国健康研究所特向广大患者提供呼吸道疾病防治普查和会诊活动，有相关症状的患者均可免费参加，活动时间仅限一周！

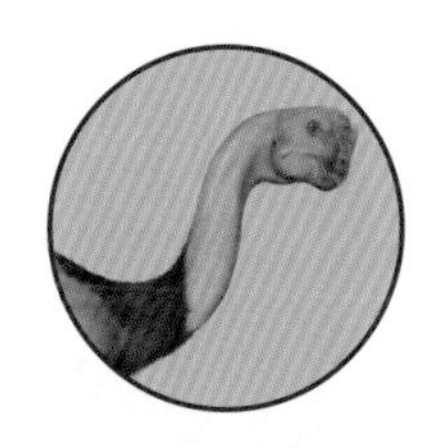

Gigantoraptor erlianensis

二连巨盗龙

Lynx lynx

诺古

哈喽，大家好，很高兴在这里见到大家，我是巨盗龙。

天呐，巨盗龙女士，您比我在电视上看到的可大多了！

那当然，我可是家族中的大个子。我站起来的高度差不多有两层楼高！

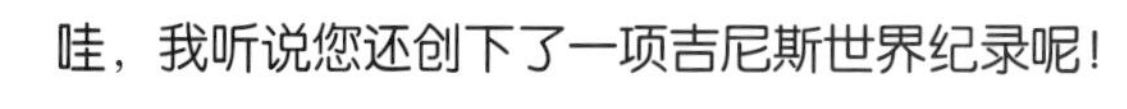

哇，我听说您还创下了一项吉尼斯世界纪录呢！

恐龙气象局温馨提示：

空气不错，可正常户外活动

未来 3 天不会降雨

主持人：诺古　本期嘉宾：二连巨盗龙

2008 年 9 月 11 日，吉尼斯纪录认证官员在中国地质学会旅游地质分会第 23 届年会开幕仪式上宣读了我的名字，并称我是迄今为止世界上发现的最大的窃蛋龙类。

这也太酷了吧，能在这里见到您可真是我的荣幸。访谈结束后可以和您合个影吗？

当然可以，不过我来这里还有更重要的事情。

好的，您说。

其实我来这里是为了给我的家族洗掉污名……

这个……我略有耳闻，但是具体的细节并不是很清楚，您的家族到底经历了什么？

第一批恐龙蛋

故事还得从 1923 年 4 月 17 日说起，这天是我一辈子不会忘记的日子……

4 月 17 日？这可是一个值得庆祝的日子啊！这天美国探险队开始考察，并在这次考察中找到了世界上第一批恐龙蛋。

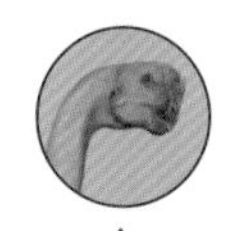

庆祝？这是我的家族被钉上“耻辱柱”的一次考察！

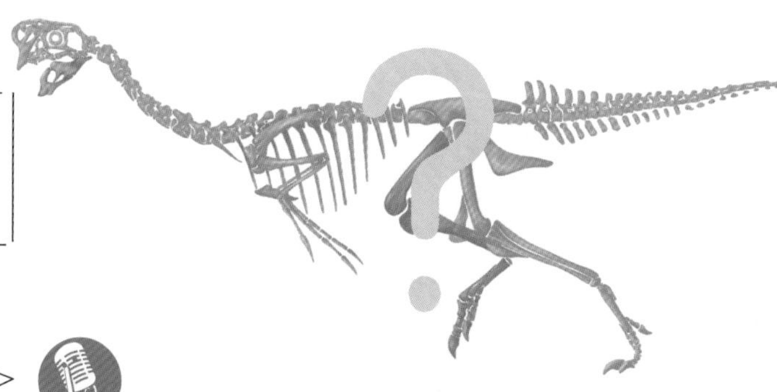

恐龙化石

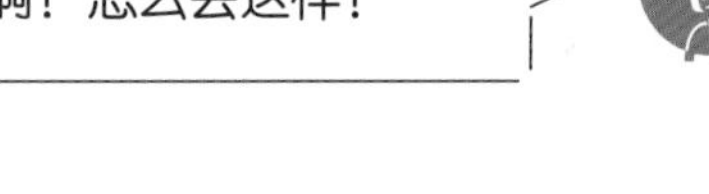

啊？怎么会这样？

当时美国自然历史博物馆中亚科学考察团从北京出发，前往戈壁沙漠寻找“人类的起源”，但是他们并没有发现任何古人类化石，而是发现了……

恐龙化石？

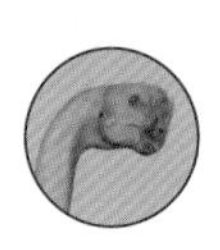

是的，他们发现了大量的恐龙化石，包括原角龙化石，而且在这些原角龙化石的周围还有很多恐龙蛋化石。

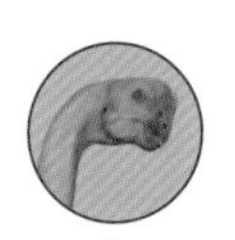

想必就是原角龙的蛋了！

就是因为你们这样想，才使得我们蒙冤！

额，不好意思。您继续……

古生物学家在其中一窝蛋上面发现了一只小型兽脚类恐龙，它有着大大的眼睛和坚硬的喙，看着就不像善类，所以这只兽脚类恐龙自然而然地便被认为是窃蛋贼。

窃蛋龙化石

原来……这就是您家族名称的由来……

我们家族的名称“*Oviraptor*”是由“*Ovi*”和“*raptor*”组成，“*Ovi*”指的是“蛋”，而“*raptor*”指的则是“窃贼”。

合起来……就是“窃蛋龙”，原来是这样啊。

不仅如此，古生物学家还将当时发现的那只小型兽脚类恐龙命名为“嗜角窃蛋龙”，仿佛将我们整个“犯罪过程”都讲述了出来！

不会是指“喜爱原角龙的窃蛋龙”吧？

你说的没错，我们家族的罪名就是这样被宣告成立的！这可真是比窦娥还冤呐！

现在还不是难过的时候，赶紧先告诉大家实情！

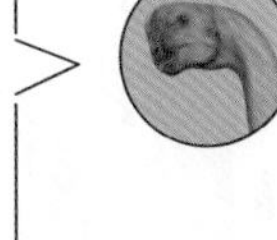

1993 年，古生物学家又发现了一个所谓的“原角龙”蛋化石，只不过……

葬火龙化石

只不过怎么了？您快说。

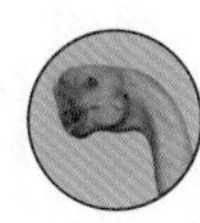

这个蛋化石有些特别，它里面有已成形的恐龙胚胎。经古生物学家鉴定，这个胚胎属于我们的家族成员。

窃蛋龙胚胎化石

“窃蛋”假想图

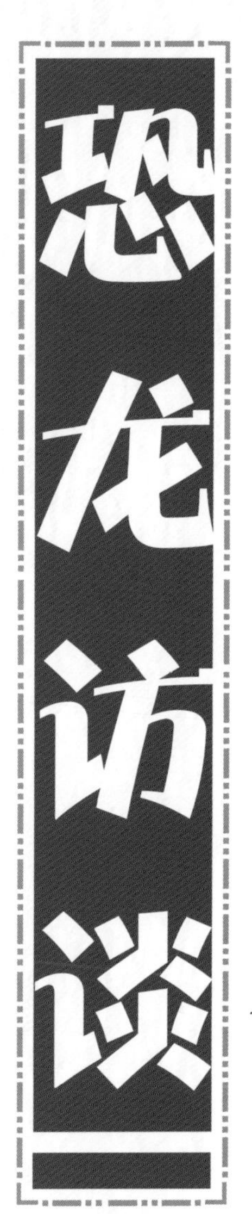

本龙于八月十日上午六点左右将我的宝宝丢失，它还是一个未出生的小宝宝，被漂亮的蓝绿色外壳包裹着。宝宝的长度约为 38 厘米，我能感觉到它马上就要出生了，希望看到它的好心龙可以及时与我联系，定有重谢！

寻亲启示

天呐，居然还能发现带有胚胎的恐龙蛋化石，这也太难得了吧！果然印证了那句“正义或许会迟到，但绝不会缺席”，虽然时隔 70 年才找到真相，但也终于为您的家族洗清了冤屈。

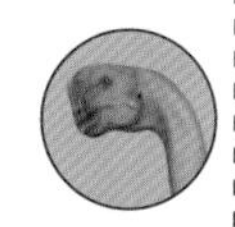

是啊，说来也巧，我们家族的冤屈是从一窝蛋开始，而“沉冤昭雪”也与一窝蛋有关。

看来这些窃蛋龙宝宝也忍不住要为自己的家族“说话”，为它们的家长辩护了。

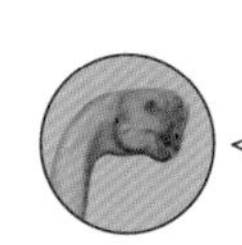

哈哈，与此同时，古生物学家还发现了另一个以护蛋姿势保存的窃蛋龙类化石，由此表明我们是十分称职的父母，甚至愿意为保护自己的宝宝而献出生命，所以这些证据足以证明所谓的“窃蛋罪”并不成立。

可是既然已经证明了您家族的清白，为什么您的家族还是被称为窃蛋龙呢？

这就是我们无法诉说的苦衷！

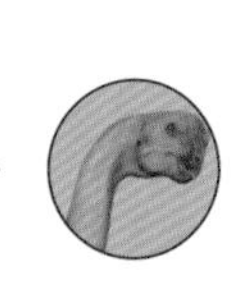

葬火龙护蛋化石

别着急，您慢慢说。

根据《国际动物命名法规》的规定，新的物种一旦被命名就不得更改。

所以……您的家族虽然已经洗除污名，但仍背负着“窃蛋”的名声。

很多不了解实情的人还是会认为我们是窃蛋贼，我倒是无所谓，只是可怜我的宝宝，还没出生就背上了污名，呜呜……

我相信通过我们的访谈节目会让更多的人知道您家族的故事。

窃蛋龙的蛋化石

希望是这样，或许还有许多人认为我们修长的手指和坚硬的喙部都是有利的“作案工具”，但我们并不会自暴自弃，去做真正的窃蛋贼。

那我好奇地问一下，您究竟喜欢吃什么呢？

古生物学家在我们家族成员的化石中发现了一些鹅卵石……

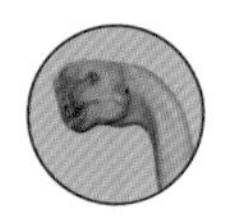

我知道一些蜥脚类恐龙、鹦鹉嘴龙等都会吃一些鹅卵石来帮助它们消化食物，这么说您是吃素的？

1923 年，古生物学家在我们家族成员的化石中发现了一只小蜥蜴……

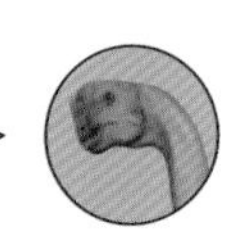

这么说，您是吃肉的？不对啊，吃肉怎么还会吃鹅卵石呢？

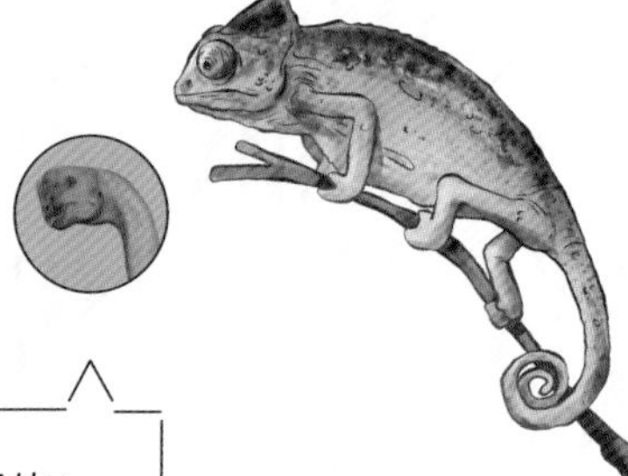

关于这个问题，你们还是自己慢慢去研究吧，我只能说我们的食物范围是很广泛的！

蜥蜴

额，好吧，不过还是很替您开心！

谢谢，还有一件更值得开心的事情！

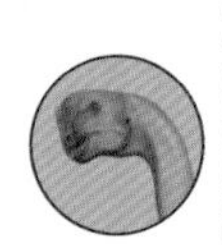

是什么呀？

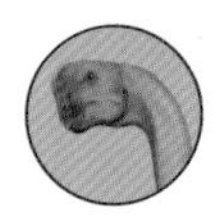

2012 年，古生物学家在河南省栾川县发现了一些破碎的恐龙蛋皮化石。

恐龙蛋皮？我似乎闻到了犯罪的气息……

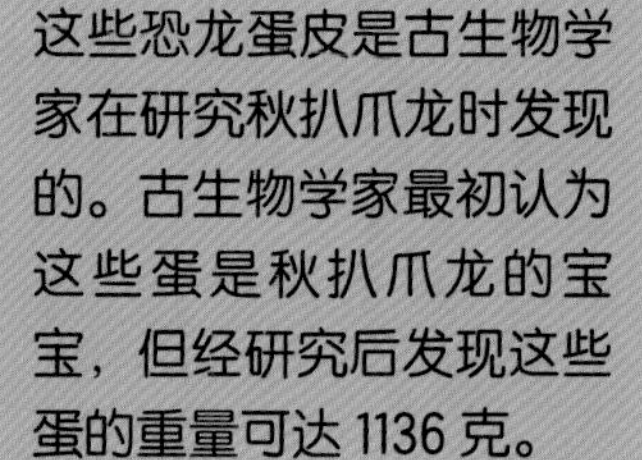

这些恐龙蛋皮是古生物学家在研究秋扒爪龙时发现的。古生物学家最初认为这些蛋是秋扒爪龙的宝宝，但经研究后发现这些蛋的重量可达 1136 克。

化石猎人成长笔记

秋扒爪龙属于阿尔瓦雷兹龙科这一独特的家族，它们的后肢很长，前肢短小，比暴龙的“小短手”还要夸张，而且上面只有一个指，练就了一身正宗的“一指禅”。

哇，差不多是20多颗鸡蛋的重量，看来这些秋扒爪龙还是一些重量级的恐龙呢。

清醒一点好吗？这些蛋的重量是秋扒爪龙的一倍！

啊？那这是谁的蛋呢？

经古生物学家研究，这些蛋属于我们的家族成员！

天呐，秋扒爪龙和窃蛋龙的蛋化石在一起……

古生物学家推测秋扒爪龙会用爪子凿穿蛋壳，再享用其中的“美味”！

如果古生物学家的推测是正确的，它们或许才是真正的“窃蛋贼”！

它们究竟是不是真正的“窃蛋贼”，只能交给时间判断！我们家族的名称是不能更改了，只希望人们不要再把我们当成窃贼！你知道吗？我特别感谢美国的一位作家——James Gurney。

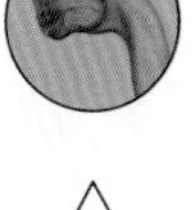

为什么呀？

因为他相信我们不是窃贼，所以他在他的书籍中给我们改名为“*Ovinutrix*”，意思是“蛋的护士”。

哇！我相信我们的节目播出后，大家也会称你们为“蛋的护士”，并称赞你们是称职的父母！

那可太棒了，我相信我的家人们听到这个消息后一定会欢呼起来！

相信您的家人和您一样都是善良温和的恐龙！

的确是这样，下面我来为你一一介绍！

我可不是江洋大盗！

二连巨盗龙 全部

拉丁文学名：*Gigantoraptor erlianensis*

属名含义：巨大的盗贼

生活时期：白垩纪时期（约 8500 万年前）

命名时间：2007 年

二连巨盗龙身长约 8 米，站立高度约 5 米，在平均身长仅约 2 米的窃蛋龙家族中算是“庞然大物”，像一只巨型的鸵鸟，它们是目前世界上发现的体形最大的窃蛋龙类。

二连巨盗龙的发现故事可谓是一个传奇。2005 年 4 月，日本的一家电视台来到内蒙古二连浩特市拍摄，此前在这里发现了一种蜥脚类恐龙——苏尼特龙。在发掘现场，古生物学家徐星等人再现了苏尼特龙的发现过程。拍摄过程中，他们发现河床边有一个兽脚类恐龙的大腿骨关节面，这与苏尼特龙所属的蜥脚类恐龙截然不同，于是他们让摄影组停止拍摄，开始了全面的挖掘。

起初，由于化石没有完全暴露出来，古生物学家无法准确地判断出化石所属的族群，不过，考虑到这是一只大型的兽脚类恐龙，所以古生物学家初步判断这块化石可能属于暴龙家族，因为在白垩纪晚期兽脚类恐龙中，暴龙以体形巨大而出名。但随着进一步的发掘和研究，古生物学家意识到，化石的主人其实是一只体形巨大的窃蛋龙类。于是在 2007 年，古生物学家正式将其命名为“二连巨盗龙”。

徐星是世界上命名恐龙有效属种最多的学者之一，如窃蛋龙类、镰刀龙类等，并且他在研究鸟类起源、羽毛起源等方面作出了重大贡献，本想成为一名物理学家的他，阴差阳错地成了一名优秀的古生物学家。

徐星

苏尼特龙是由古生物学家徐星等人在内蒙古二连浩特市发现的一种蜥脚类恐龙，但是所发现的化石完整度并不高，只有几块脊椎骨和膝盖骨。

苏尼特龙

二连巨盗龙

全部

二连巨盗龙是巨盗龙一族中的模式种，也是到目前为止发现的唯一种。古生物学家在二连巨盗龙的化石上并没有发现羽毛的痕迹，但是古生物学家根据如尾羽龙、冠盗龙等这些长有羽毛的家族成员推测出，二连巨盗龙也和它们的族人一样身披羽毛。

模式种像一个参照物，用来对比后期新发现的物种是否与这个参照物相似，如果相似，则和模式种属于同一家族。

模式种

古生物学家通过分析二连巨盗龙的骨骼特征，从而了解到了有关巨盗龙的生长模式、发育阶段、寿命等信息。古生物学家推测巨盗龙的寿命应为 20 岁左右，壮年时期的体重要远远超过 1.4 吨，而目前所发现的这只巨盗龙死亡时大约只有 11 岁，刚刚步入成年，还处于成长期。

二连巨盗龙有着像鸟类一样坚硬的角质喙，它们的喙中没有牙齿，方便切割食物。到目前为止，巨盗龙的食性仍然是个谜，因为它们的身体结构既显示出植食性恐龙的特征，如长脖子和小脑袋等，也表现出了肉食性恐龙的特征，如长爪子等。

二连巨盗龙不像其他体形较大的恐龙有着粗壮的后肢，细长的后肢表明着它们有着超凡的奔跑能力。一般情况下，同一家族的恐龙，体形越大的，与鸟的亲缘关系越远，在形态上越不像鸟。但二连巨盗龙却是一个例外，它们的似鸟特征甚至比家族中的其他成员还要多，这也增加了鸟类起源的复杂性。

巨盗龙家族树

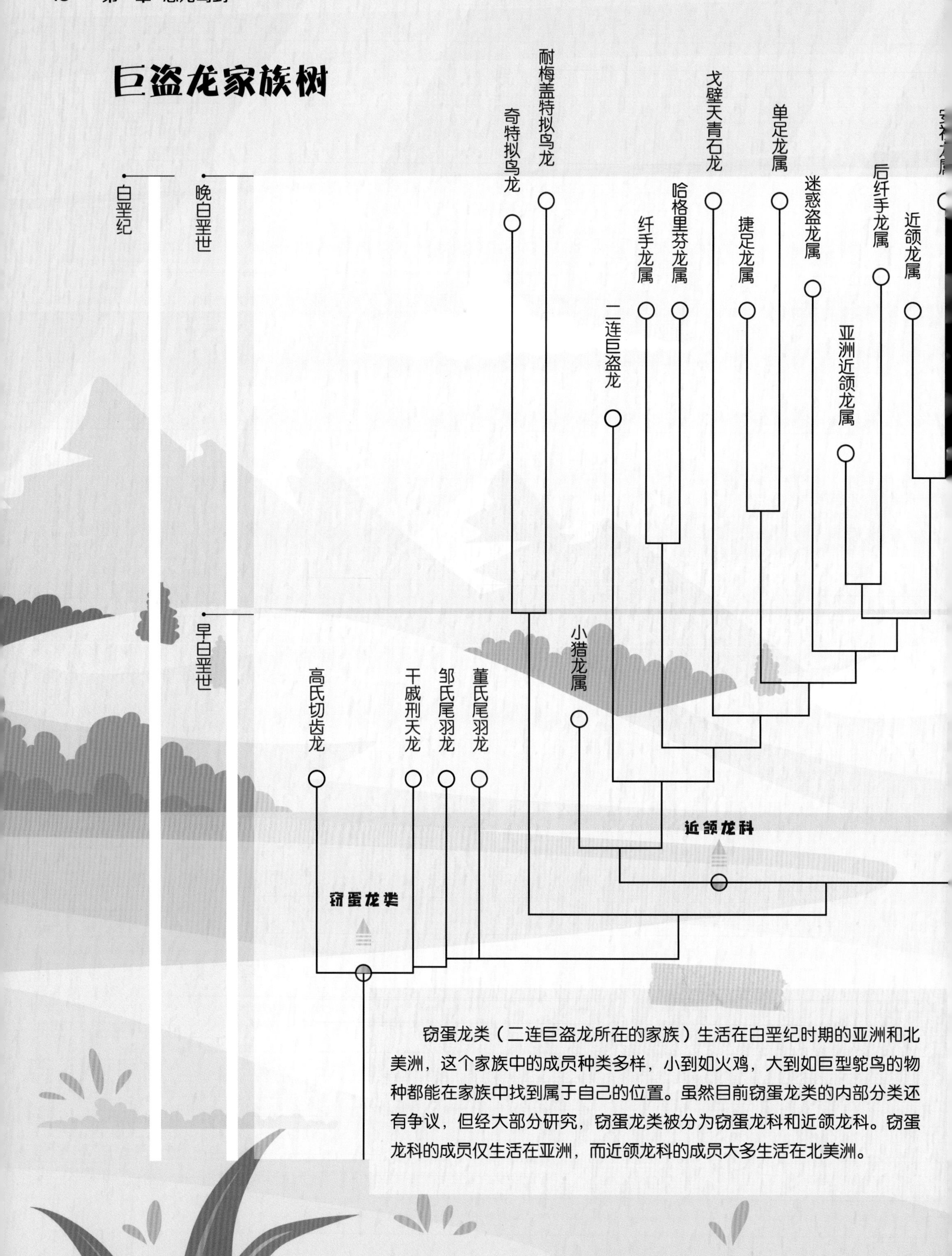

窃蛋龙类（二连巨盗龙所在的家族）生活在白垩纪时期的亚洲和北美洲，这个家族中的成员种类多样，小到如火鸡，大到如巨型鸵鸟的物种都能在家族中找到属于自己的位置。虽然目前窃蛋龙类的内部分类还有争议，但经大部分研究，窃蛋龙类被分为窃蛋龙科和近颌龙科。窃蛋龙科的成员仅生活在亚洲，而近颌龙科的成员大多生活在北美洲。

我心爱的巨盗龙

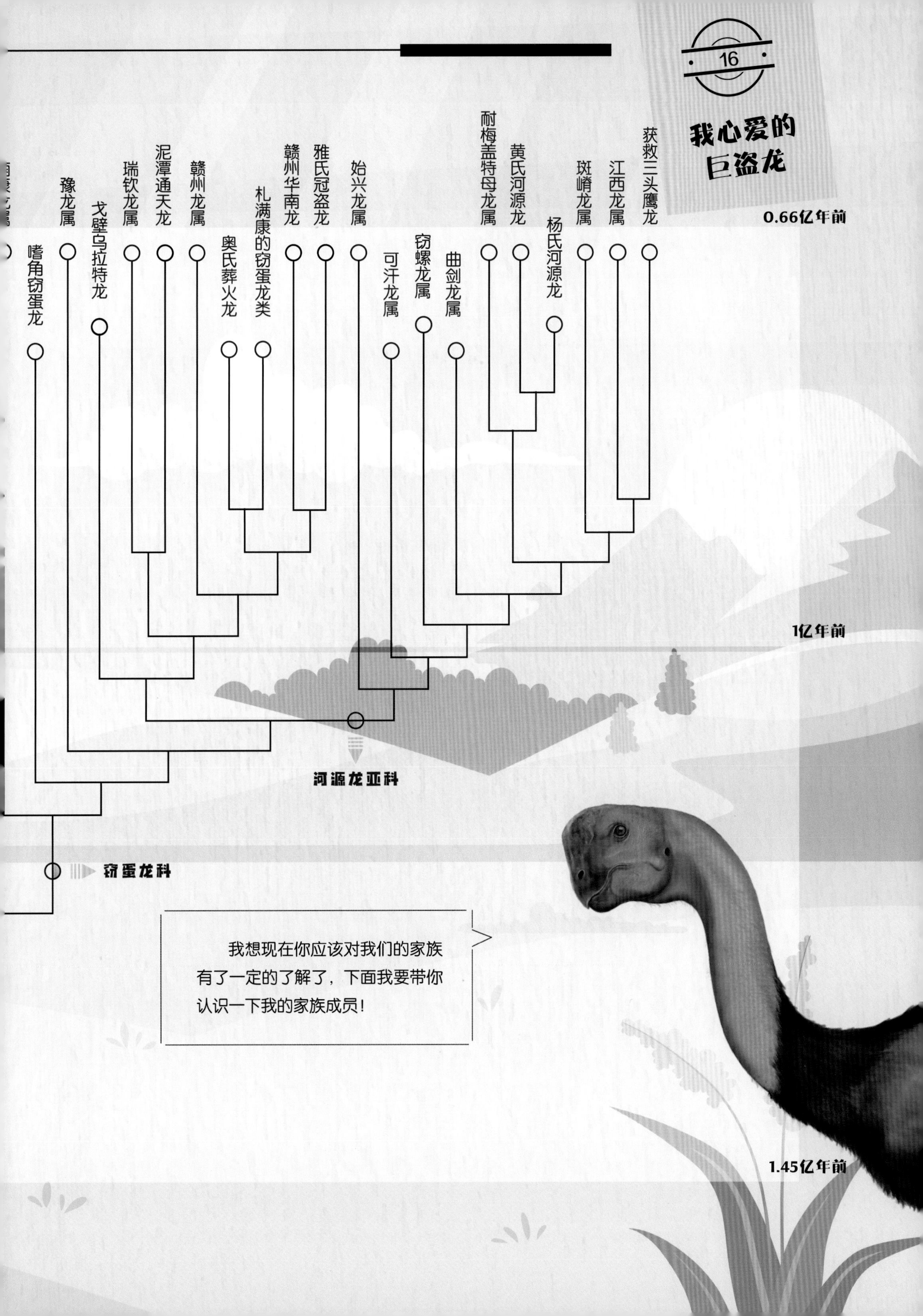

我想现在你应该对我们的家族有了一定的了解了，下面我要带你认识一下我的家族成员！

第二章 恐龙速递

大约在 2.3 亿年前的三叠纪，一类名叫恐龙的爬行动物出现了，它们是中生代时期的主要居民，几乎占据了当时的每一片大陆。

我心爱的巨盗龙

迄今为止，全世界发现的恐龙有 1000 多种，古生物学家根据恐龙的骨骼特征等将恐龙分为诸多家族，如甲龙类、剑龙类和角龙类等。每一个家族又包含许多成员，它们几乎相同却又形态迥异：有些尾巴长着大尾槌，有些尾巴长着尖刺；有些喜欢吃植物，有些喜欢吃肉；有些头上长着“长管”，有些头上戴着“头盔”……

瞧瞧我的大牙！

高蒂尔氏切齿龙　全部

拉丁文学名： *Incisivosaurus gauthieri*

属名含义： 门牙蜥蜴

生活时期： 白垩纪时期（约 1.26 亿年前）

命名时间： 2002 年

2002 年，古生物学家徐星命名了一种小型兽脚类恐龙——高蒂尔氏切齿龙，其属名“切齿”（也就是我们常说的“门牙”），表示该恐龙嘴巴前端有两颗大门牙，就像啮齿类的门齿，而种名“高蒂尔氏”则是为了纪念美国古脊椎动物学家 Jacques Gauthier 在兽脚类恐龙的分类系统中所做的贡献。

高蒂尔氏切齿龙是兽脚类恐龙中的“另类”，它们不像大多数恐龙长着同型齿，也就是牙齿的形态和功能没有明显的差异。切齿龙具有异型齿，它们最前面的两颗门齿要比其他牙齿大很多，就像啮齿类的门齿；后面的第二至四颗牙齿比前边的牙齿小，呈圆锥状；再往后的牙齿更小，呈狭长的披针状。

古生物学家在切齿龙的牙齿上面发现有明显的磨损痕迹，并在它们的胃部化石中发现了植物的痕迹，由此表明切齿龙形态多样的牙齿可以帮助它们处理不同类型的植物。

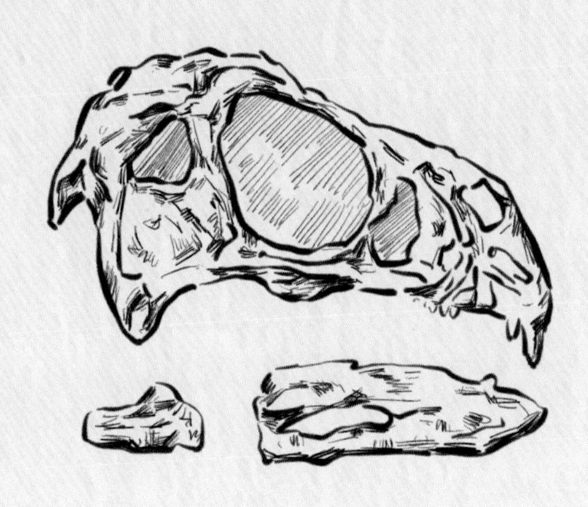

高蒂尔氏切齿龙头骨

高蒂尔氏切齿龙是窃蛋龙类的一种，是目前已知唯一的可以与兽脚类恐龙牙齿磨蚀面的复杂程度和磨损程度相比较的一种，这也为窃蛋龙家族的植食习性提供了强有力的证据。

我的脑袋不见了！

干戚刑天龙 全部

拉丁文学名：*Xingtianosaurus ganqi*

属名含义：刑天的蜥蜴

生活时期：白垩纪时期（约 1.25 亿年前）

化石最早发现时间：2002 年

刑天

一般情况下，古生物学家会根据恐龙自身的特点或发现地来命名，而“干戚刑天龙”这个名字则来源于中国的一个神话传说。古籍《山海经》中记载，刑天本是炎帝手下的一员大将，在战争中被黄帝斩首，但是他的斗志丝毫不减，仍手持武器——干戚继续战斗。因新发现的干戚刑天龙的化石标本缺失头部，所以 2019 年 4 月，古生物学家在《科学报告》上以“刑天”作为其属名，以“干戚”作为种名。

干戚是刑天的武器，其中“干”指的是盾牌，“戚”指的是巨斧。

干戚

干戚刑天龙属于一种原始的窃蛋龙类——尾羽龙科，这一类恐龙的羽毛、缩短的尾巴等多处特征和现生鸟类相同，它们是最早被发现具有类似现生鸟类正羽的恐龙类群之一。

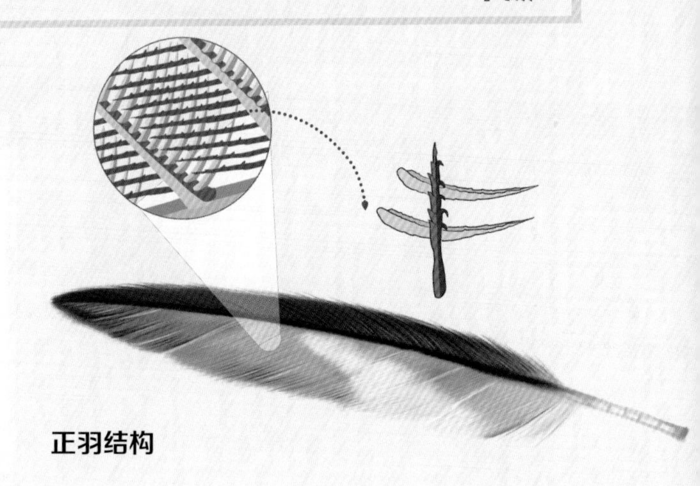

正羽结构

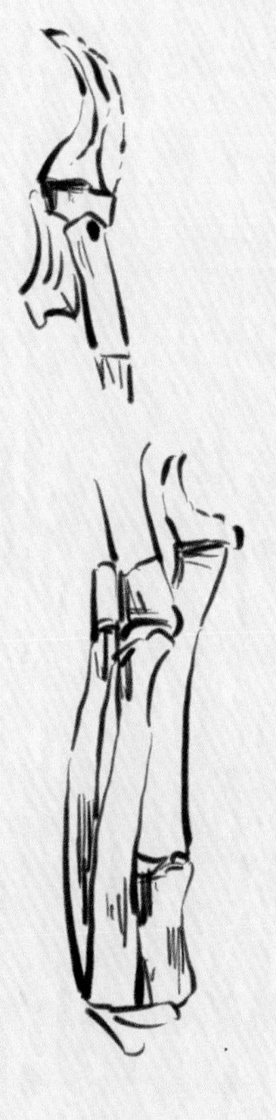

第三根手指

尾羽龙家族目前只发现了 4 个种，虽然它们的大部分特征比较一致，但也各具特色。而邢天龙和家族中的其他成员最大的不同就是它们的第三根手指。虽然它们前肢上的第三指没有完全保存，但是古生物学家根据它们的第三指爪和部分指节判断，刑天龙的第三手指较长，由此表明窃蛋龙家族的手指演化也是十分复杂的。

我是龙，不是鸟！

邹氏尾羽龙

全部

拉丁文学名：*Caudipteryx zoui*

属名含义：羽毛尾巴

生活时期：白垩纪时期（约 1.25 亿年前）

命名时间：1998 年

1997 年，古生物学家季强等人在辽宁省北票市四合屯发现了一件带有羽毛印痕的恐龙化石，经研究后，这是一种长有羽毛的小型兽脚类恐龙化石。

1998 年，古生物学家季强将其命名为“邹氏尾羽龙”。其属名是由拉丁语“*Caudi*” 和“*pteryx*”组成，表示这一家族成员的尾巴末端具有较长的扇状尾羽，而其种名“邹氏”则献给了时任中国国务院副总理邹家华，为了感谢他对辽西地区古生物研究的大力支持。

邹氏尾羽龙有着长长的脖子，但是它们的前肢和尾巴都比较短，可能和它们的捕食能力退化有关。它们的牙齿大多退化，嘴中只有零星几颗向前伸展的牙齿。古生物学家还在它们的胃部发现了一些胃石。

种种特征表明，尾羽龙是一种植食性恐龙，这在喜欢肉食的兽脚类家族中可是比较罕见的。除此之外，邹氏尾羽龙也代表了世界上已知的为数不多的长有真正羽毛的兽脚类恐龙。

季强

季强是著名的古生物学家，有“龙鸟之父”之称，在鸟类起源研究等领域作出了重大贡献，并将中国的热河生物群推向了世界前沿。

我是真的很迷你哦！

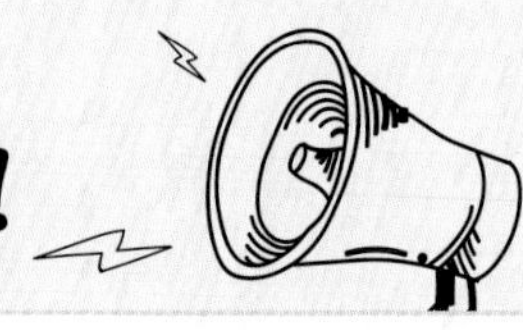

迷你豫龙 **全部**

拉丁文学名：*Yulong mini*

属名含义：河南省的蜥蜴

生活时期：白垩纪时期（约 7200 万年前）

命名时间：2013 年

2008 年 3 月，古生物学家吕君昌等人在河南省洛阳市栾川县秋扒乡发现了一些恐龙化石，据研究，这些恐龙化石属于窃蛋龙类，而且至少包含了 5 个幼年个体，其中保存最完整的一具骨架体长约 60 厘米，这是目前已知窃蛋龙家族中体形最小的成员。2013 年，古生物学家将其命名为“迷你豫龙”，其属名“豫”为河南省的简称，而种名则是指它们娇小的体形。

豫龙化石

古生物学家通过对这些迷你豫龙的骨骼结构进行分析后发现，它们的年龄都未满 1 岁，这为古生物学家研究窃蛋龙类的个体发育提供了重要信息。

古生物学家推测这些幼年的豫龙化石出现在同一地区的不同地方，而且在其周围没有发现任何一只成年个体，由此表明它们是同一个窝中的“兄弟姐妹”，出生后不需要父母的照料就可以独自生活，或者它们是来自不同窝的小家伙，但是出生时间相同。虽然这些还有待证实，但迷你豫龙的发现有着多方面的研究价值。

吕君昌

吕君昌是中国地质科学院地质研究所副研究员，2018 年逝世。他主要研究中生代时期的爬行动物，如翼龙、恐龙。由他命名的爬行动物有模块达尔文翼龙和巨型汝阳龙等。

我可是窃蛋龙家族的前辈！

戈壁乌拉特龙 全部

拉丁文学名： *Wulatelong gobiensis*

属名含义： 乌拉特的蜥蜴

生活时期： 白垩纪时期（约 8360 万年前）

命名时间： 2013 年

戈壁乌拉特龙骨架

2009 年，古生物学家徐星等人在内蒙古巴彦淖尔市乌拉特后旗的巴音满都呼地区发现了窃蛋龙家族中的一类新成员——戈壁乌拉特龙，它们的属名取自其发现地乌拉特后旗，而种名则来源于戈壁沙漠。戈壁乌拉特龙是乌拉特龙家族中的模式种及唯一种。

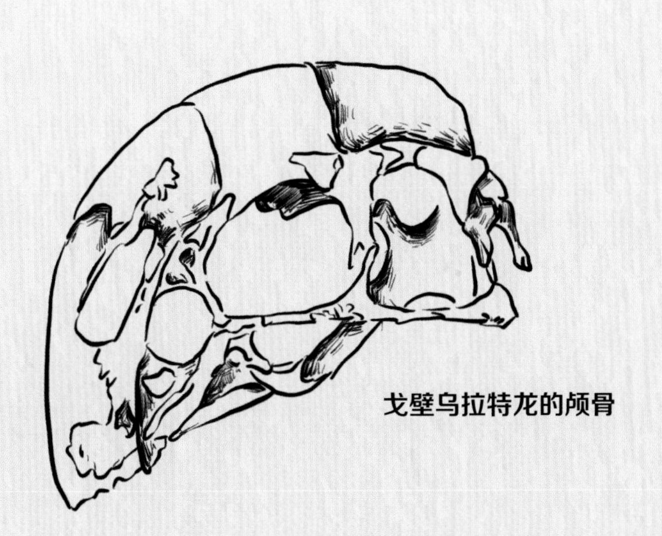

戈壁乌拉特龙的颅骨

经古生物学家研究，戈壁乌拉特龙具有一些其他窃蛋龙科成员并不具有的特征，而与较原始的窃蛋龙类接近，如又大又长的外鼻孔等，由此表明它们是窃蛋龙家族中较原始的一类成员，它们的系统发育位置很可能处在原始窃蛋龙类和其他窃蛋龙科之间。

他们叫我“泥巴龙”！

泥潭通天龙 全部

拉丁文学名： *Tongtianlong limosus*

属名含义： 通天龙

生活时期： 白垩纪时期（约 7200 万年前）

命名时间： 2016 年

2012 年，施工人员在赣州的一个工地上发现了 3 块可以隐约看见白色骨骼化石的红色砂岩，后来他们将这 3 块奇怪的石头运送到相关部门进行化石修复。当化石逐渐从岩石中显露出来，大家看到了一个脑袋向前伸、四肢展开的恐龙化石。这一消息很快传到了古生物学家吕君昌那里，2014 年，他来到赣州对这块化石进行研究。

随着研究的深入，古生物学家发现这是一种新的窃蛋龙类，它上扬的头部和左右两侧伸展的前肢都说明它曾在泥潭中挣扎求生，这是到目前为止世界上发现的唯一以这种姿态保存的窃蛋龙类化石。所以在 2016 年，古生物学家将其命名为“泥潭通天龙”。其属名“通天”指离发现地不远的通天岩景区，也指“通往天堂”，而种名“泥潭“则指恐龙曾在泥潭中挣扎。

泥潭通天龙的体形较小，它们的身上长有羽毛，后肢较长，比较像今天的鸵鸟。泥潭通天龙的脑袋上长有一个头冠，古生物学家推测它们的头冠上应该有漂亮的花纹，或许是用来吸引异性的。

泥潭通天龙的化石

我左边的下颌骨呢？

赣州华南龙

全部

拉丁文学名：*Huanansaurus ganzhouensis*

属名含义：华南的蜥蜴

生活时期：白垩纪时期（约 7200 万年前）

命名时间：2015 年

2015 年，由古生物学家吕君昌领导的中外研究小组在江西赣州发现了一种新的窃蛋龙化石，并将其命名为赣州华南龙。其属名“华南”，意指该物种生活在中国的南部地区，而种名则取自化石发现地——赣州。

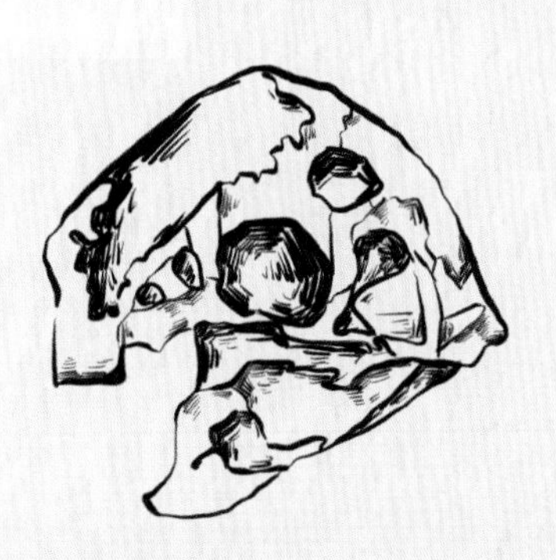

赣州华南龙的头骨

赣州华南龙是华南龙家族的模式种及唯一种，它保存了近乎完整的头骨和下颌骨、几节颈椎骨以及左、右手等。华南龙的头骨形态，尤其是下颌骨的形态和目前发现的其他窃蛋龙类都不同，这为古生物学家研究窃蛋龙家族的头部演化提供了重要信息。

随着研究的不断深入，古生物学家发现华南龙和葬火龙有着很近的亲缘关系，属于姊妹物种。但因地域的不同，它们都占据不同的生态位，并演化出了独特的食性。华南龙的发现，进一步说明赣州是世界上发现窃蛋龙类化石最多的地区之一。

葬火龙生活在白垩纪晚期的蒙古国，它们的学名来自梵语，意为“火葬柴堆的主”，正是因为古生物学家发现了它们张开双臂护蛋的姿势，才为窃蛋龙家族洗脱了“罪名”。

葬火龙

恐龙王国中的鹤鸵！

杰氏冠盗龙 全部

拉丁文学名：*Corythoraptor jacobsi*

属名含义：长着头冠的盗贼

生活时期：白垩纪时期（约1亿年前）

命名时间：2017年

2017年，由古生物学家吕君昌等人领导的中外研究小组将在赣州火车站附近发现的恐龙命名为杰氏冠盗龙，这是一种新的窃蛋龙类化石，它的头部具有类似现生鹤鸵一样的头冠，所以称为冠盗龙。

杰氏冠盗龙的头冠

冠盗龙的属名来自拉丁文“*Coryth*”和“*raptor*”，前者意为“头冠”，后者意为“盗贼”。其种名则献给了美国古脊椎动物学家路易斯·杰各布，感谢他为恐龙研究做出的贡献。冠盗龙是目前保存较完好的窃蛋龙类化石之一，也是中国发现的第一件具有和鹤鸵一样头冠的窃蛋龙类化石。

冠盗龙的脑袋较小，脖子又细又长。它们有强壮的四肢，可支持身体快速行走。冠盗龙的脑袋上面有一个很高的头冠，古生物学家发现它们的头冠外形和鹤鸵的头冠很相似，除此之外，内部结构也类似。所以古生物学家根据这一研究推测，冠盗龙的头冠可能是用于向异性炫耀、传达信息或在繁殖期表示健康状态。

鹤鸵也被称作食火鸡，它们是生活在澳大利亚的一种体形较大的陆生鸟类。鹤鸵的脑袋上面长着一个突起的头冠，脖子呈漂亮的蓝色，喉部长有红色的肉垂，在它们遇到危险的时候能够以每小时 50 千米的速度逃跑。

鹤鸵

第三章 恐龙猎人

中生代是爬行动物最为繁盛的时期，无论是在海洋、天空还是陆地，都有它们的身影。鱼龙类和蛇颈龙类等海生爬行动物漫游在海洋中；翼龙类这种会飞的爬行动物翱翔于天空中；被称为“恐怖蜥蜴”的恐龙统治着陆地。

恐龙在地球上统治了 1.6 亿年之久，除陆地之外，它们还涉足天空和海洋。恐龙拥有惊人的适应能力，其独特的身体结构、不同的生活方式和生存技能随着环境的变化而演化，从而使得它们成为中生代时期最繁盛和最具生存优势的脊椎动物。

虽然目前已经发现和认识了许多恐龙，但还有很多与恐龙相关的内容等待我们进一步发掘，如果你对自然保持好奇，请随我们一起回到恐龙世界，修炼成为一名优秀的恐龙猎人！

恐龙会感染冠状病毒吗？

提起恐龙，许多人会想到“凶残”“冷血”“巨大”等形容词，可是恐龙作为中生代时期的地球霸主，真的是无敌的“冷血杀手”吗？真的是天不怕地不怕吗？

冠状病毒

如果肆虐全球的新型冠状病毒肺炎也出现在了中生代，恐龙还会无动于衷吗？

新型冠状病毒肺炎（简称新冠肺炎）属于冠状病毒，冠状病毒呈球形或椭球形。因它们的表面长有一些突起的“皇冠”，所以被称为冠状病毒。

要想知道恐龙家族是否会害怕新冠肺炎，首先就要了解冠状病毒，这一家族有四大类成员，即 α、β、γ 和 δ，而新冠则属于 β 一族。根据科学家目前的研究表明，只有一部分哺乳动物会感染这一病毒，所以，这一病毒在身为爬行动物的恐龙家族中是掀不起什么风浪的。

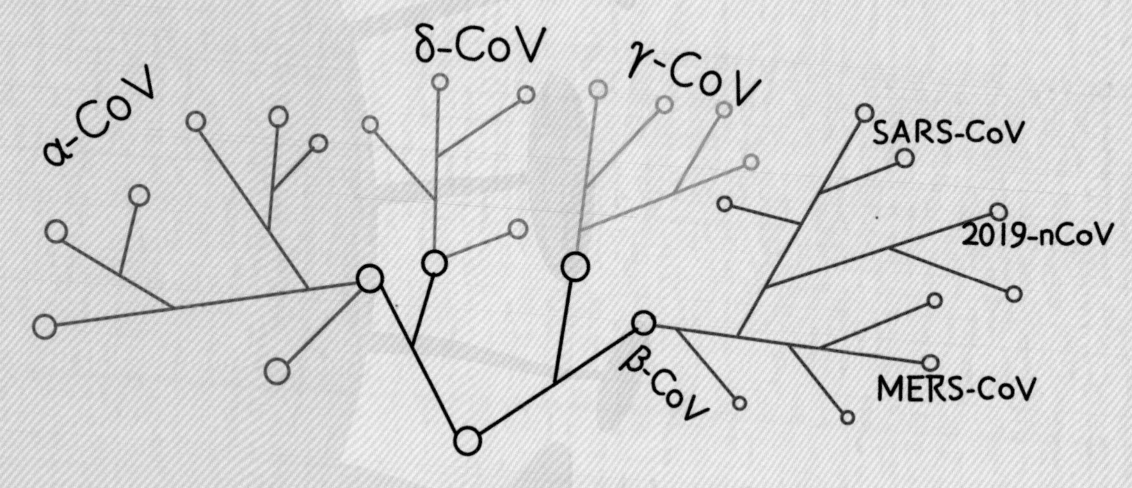

冠状病毒分支图

或许你会说，冠状病毒的家族那么庞大，万一恐龙会感染其他的冠状病毒呢？

那我们先来看一下 α 一族的冠状病毒，虽然这一族的成员有 20 多种，和 β 属一样，都只能感染部分类群的哺乳动物，由此看来，这一病毒也无法在恐龙家族中“施展拳脚”。不过 γ 和 δ 一族的冠状病毒可就需要引起一些恐龙的注意了，研究发现除个别种对某些种类哺乳动物产生影响，而其余种则带有打开鸟类体内细胞的“钥匙”。

读到这里，你或许会想，鸟类是鸟类，和恐龙有什么关系呢？

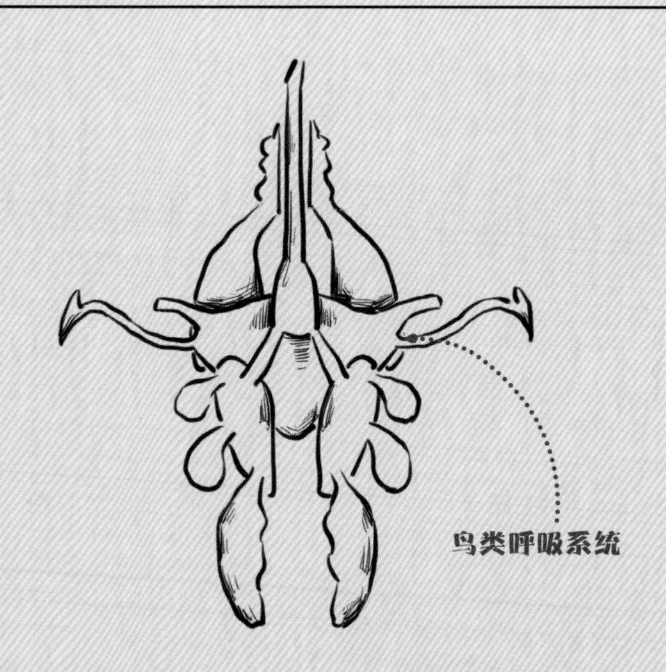

鸟类呼吸系统

可是你知道吗？已经有大量证据表明，鸟类是由兽脚类恐龙的一支演化而来，它们有很多相似特征，如体表覆羽和骨骼中空等，古生物学家还在许多兽脚类恐龙的脊椎化石上发现了气孔，和鸟类的气囊在骨骼上留下的气孔位置以及形态相似，所以古生物学家推测许多兽脚类恐龙和鸟类的呼吸方式相似。

可即便是这样，我猜你还会心存疑惑，即使鸟类是恐龙的后代，恐龙就一定能被 γ 和 δ 一族的冠状病毒感染吗？

不可否认，你的顾虑没有错，因为鸟类是温血动物，而大部分现生的爬行动物都是冷血动物，它们两者之间的新陈代谢和体内环境都不相同，所以说，如果恐龙真的是“冷血杀手”（注意：这里的“冷血”并不是指凶残的性情，而是指冷血动物），那么这些病毒是无法在恐龙体内生存的，更别说“繁衍后代”了。

戈壁乌拉特龙

那么，恐龙究竟是温血动物还是冷血动物呢？

林蜥（冷血动物）

长颈鹿（温血动物）

其实，在恐龙被发现后的很长一段时间内，一度被认为是冷血动物，直到 20 世纪 70 年代，美国的一位古生物学家罗伯特·巴克首次提出，恐龙可能和鸟类一样是温血动物，这一理论提出后引起了古生物界的轩然大波。古生物学家们在这一问题上的观点呈两极分化的态势。

支持恐龙是温血动物的学者列举了如下证据：

证据一：恐龙的身体结构与鸟类相似

从20世纪60年代开始，有关恐龙的进化、行为和生理学等方面的研究迎来了“文艺复兴”。

平衡恐爪龙

这次“文艺复兴”将恐龙“冷血”“笨重”的形象推翻，同时也使得恐龙和鸟类之间的关系变得明确了起来。尤其研究平衡恐爪龙时，发现它们的身体结构和鸟类非常相似，是敏捷的猎食者，捕猎速度能够达到每小时数十千米，而这种速度只有温血动物才能达到。

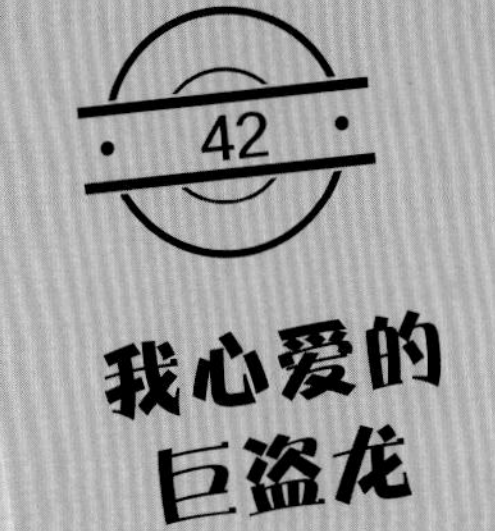

证据二：恐龙的骨骼结构更接近哺乳动物和鸟类

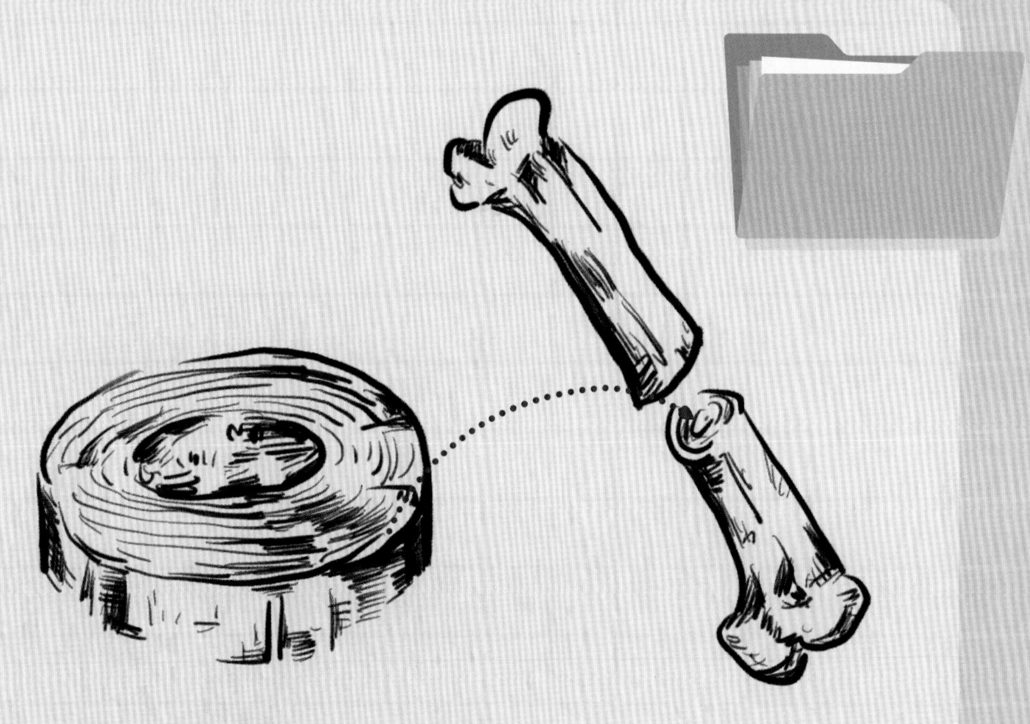

哈佛氏管

恐龙和所有的温血动物一样，腿部都垂直于地面。而且现生的温血动物有一个很重要且仅存于它们体内的骨组织结构——哈佛氏管，如果动物幼体的骨骼生长速度比较快，就会产生拥有纤维素和血管的哈佛氏管，而大部分爬行动物的新陈代谢慢，能量转换的速度比较低，在它们冬眠的时候，其骨骼、鳞片等上面会出现类似树木年轮的生长痕迹。

古生物学家在对恐龙的骨骼进行解剖后发现，里边有典型的哈佛氏管，这为“恐龙是温血动物”的观点提供了更充分的证据。

证据三：带羽毛恐龙化石被发现

20 世纪末，古生物学家发现了大量带有羽毛的恐龙化石，这些羽毛大多不具备飞行功能，而是起到炫耀和保温的作用。

华丽羽王龙

2012 年，辽宁省发现了一种大型的带有羽毛的暴龙类恐龙——华丽羽王龙，古生物学家推测它们的羽毛是为了适应当时的气候环境。所以，羽毛的出现也间接地证明了恐龙的体温是在环境温度之上，这是温血动物的一个重要表现。

证据四：功能强大、性能优良的心脏

蜥脚类恐龙庞大的身体需要一颗强大的心脏才可以把血液运送到身体的各个部位，尤其是位置较高的头部。它们的心脏结构和哺乳动物相似，具有双重循环系统，即一部分和肺部功能相配合，另一部分与头部和身体的活动相配合。

1993 年，古生物学家发现了一块保存有奇异龙心脏的化石，通过医学扫描，发现它的心脏竟然拥有两个心室和两个心房，而且它的心脏具有双重循环系统。（如果恐龙的心脏结构和现生的爬行动物相似，则把血液输送到全身各处几乎是一件不可能完成的事情。）

恐龙骨架及心脏化石

证据五：出现在极寒地区的恐龙化石

古生物学家在阿拉斯加王子溪组的地层中发现了许多恐龙化石，那里的年平均气温为 6.3℃ ± 2.2℃，常年被黑暗和寒冷笼罩，由此说明，恐龙保持体温的能力较强。而到目前为止，没有发现任何爬行动物或两栖动物在极地生活。

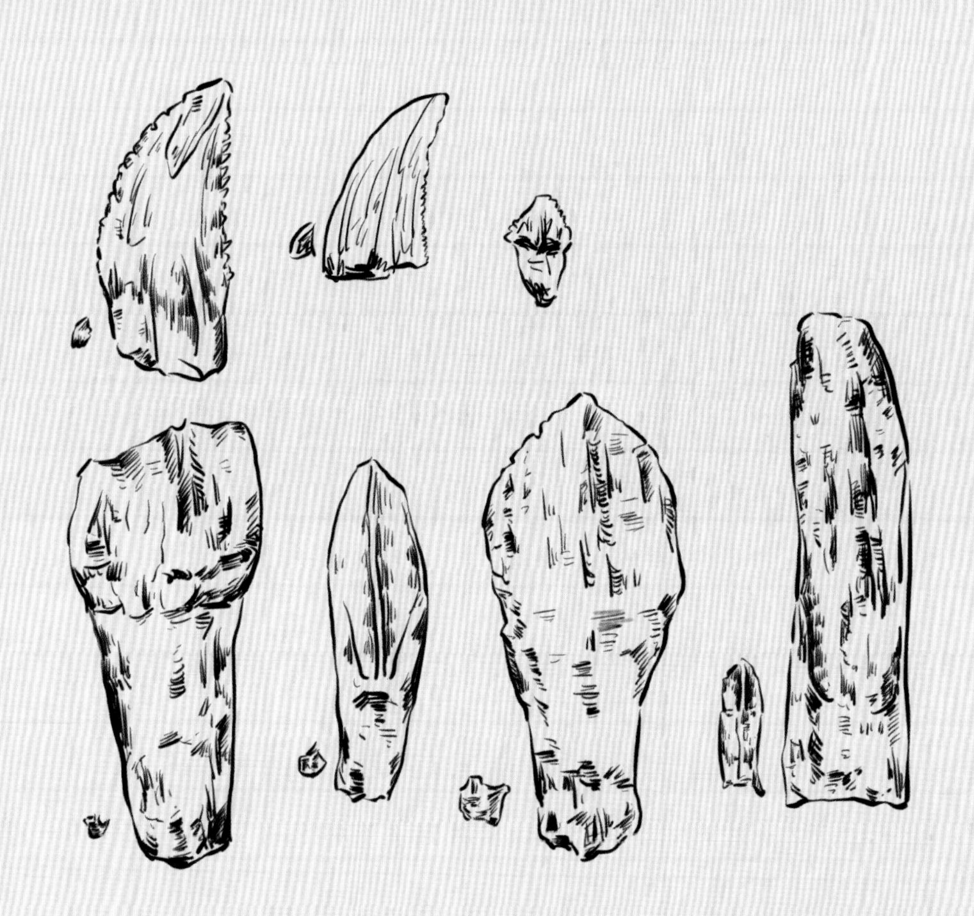

在王子溪地层中发现的微小牙齿

证据六：恐龙有暴风式生长期

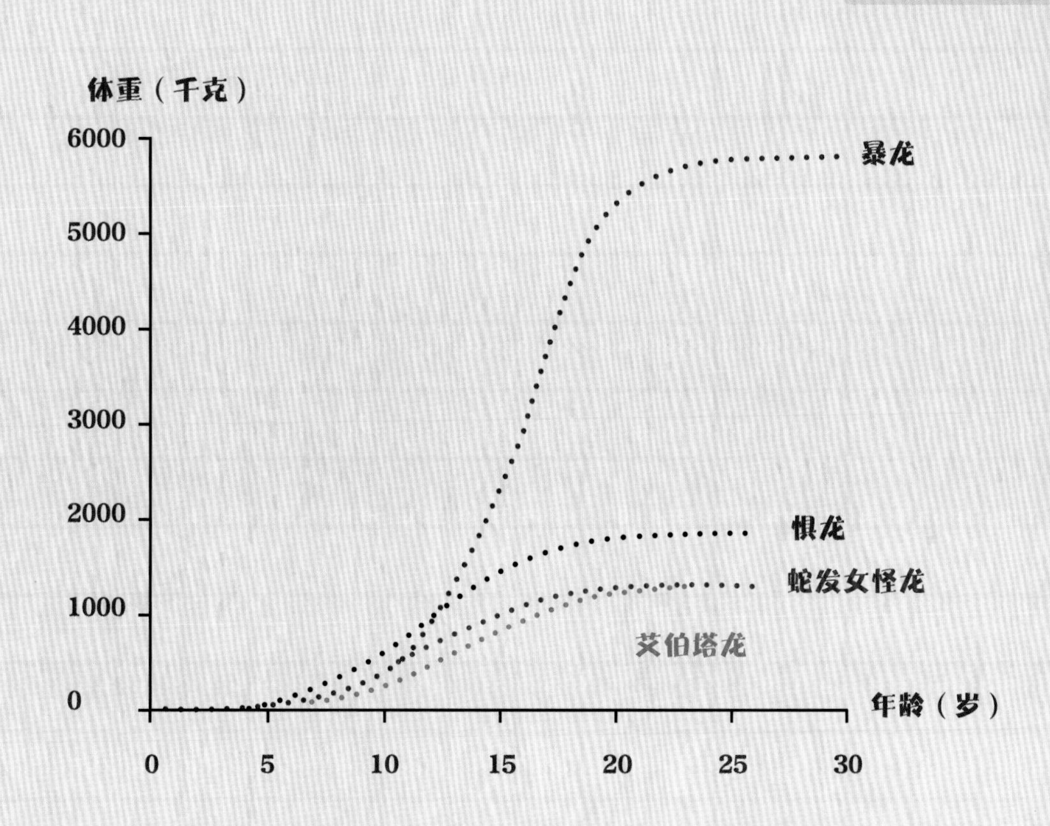

古生物学家会将恐龙的骨化石切开，然后研究恐龙的年龄和生长速度，他们发现恐龙有暴风式生长期。经研究发现，暴龙会在幼年期逐渐加快增长速度，30 岁左右的时候便会停止生长。而一般情况下，冷血动物的生长速度很慢。

证据七：脑部功能

很多恐龙的智商都很高，如伤齿龙家族，而恐龙的大脑若想有效地发挥功能，则需要恒定的温度以及充足的血液补给。

1982 年，古生物学家戴尔・罗素提出，如果伤齿龙的家族成员可以在 6600 万年前的白垩纪末大灭绝事件中存活下来，则会演化得更聪明，而且将拥有类似人类的外表。罗素与标本剥制师将未来的伤齿龙命名为类恐龙人。

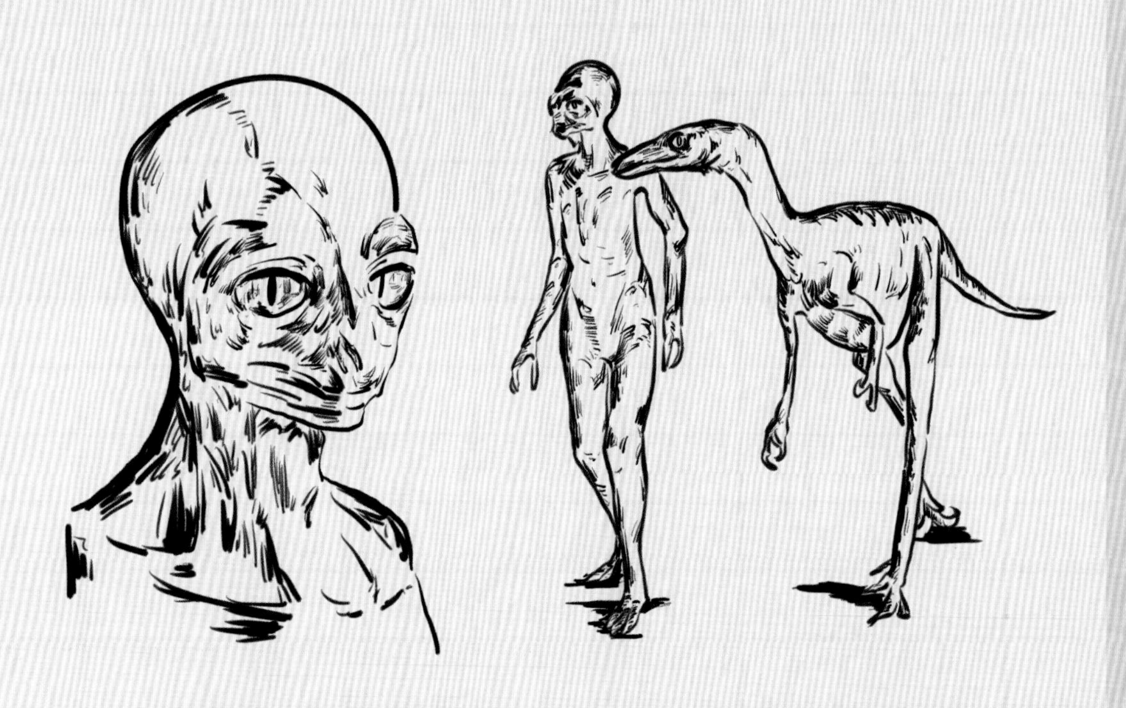

类恐龙人模型和伤齿龙

证据八：鸟类是恐龙的后代

鸟类是温血动物，作为恐龙的后代自然应该遗传了其祖先的特征，所以恐龙也是温血动物。

鸟类的演化过程

读到这里，相信你对于“证据八”不免心生疑惑，因为恐龙不仅是鸟类的直系祖先，还是爬行动物的后代，而它们恰好分别属于温血动物和冷血动物，因而这一证据也受到了许多古生物学家的反对。

泥潭通天龙

所以此刻我们有必要在这里重新定义一下温血动物和冷血动物。

目前，科学界更流行用“内温性动物”和“外温性动物”来表述。内温性动物对应的是温血动物，指的是通过体内产生的热量来调节体温，外温性动物对应的是冷血动物，也就是通过外界环境的温度来调节体温。

或许你会说，意思不都差不多吗？

那我们举一个具体的例子，人类是典型的内温性动物，无论在夏季还是冬季，都可以保持体温恒定。但如果在夏季的时候用温血来形容人类就不是很合适。因为当环境温度超过人体温度（37℃）的时候，人类的体温就是相对“较冷”的，在寒冷的冬季也是同理。所以，人类可以因为环境的不同在“温血”和“冷血”之间切换，这是十分荒谬的。

根据上述证据综合来看，越来越多的学者相信恐龙属于内温性动物。

但是这一假说也存在一些问题，因为恐龙所在的中生代气温要比现在高，如果它们是内温性动物的话，则会因散热不良而热死。

除此之外，体形巨大的蜥脚类恐龙为了维持体温，需要吃大量的食物，所以如果它们是内温性动物的话，当时的植物对它们来说肯定是供不应求。而对于体形较大的肉食性恐龙来说，如果它们是内温性动物的话，食物匮乏也会导致它们出现体温调节的问题。

蜥脚类恐龙

这样看来，貌似两边的理论都有些道理，但也都缺少再进一步的证据。所以有些古生物学家认为恐龙可能和如今的咸水鳄一样属于巨温性动物，也就是说，由于它们的体形很大，所以散热能力较差，从而导致许多热量可以留在体内并将体温保持在一个较高的水平。但如果所有的恐龙都是巨温性动物，那对于体形较小的恐龙来说就解释不通了。

咸水鳄的身长可达7米，体重可达1吨以上，是世界上体形最大的爬行动物之一。不要以为它们的体形大就很笨重，它们可是名副其实的“冲浪高手”。咸水鳄的咬合力可达2吨，即便是鲨鱼，在它们面前也要乖乖“臣服”。

咸水鳄

为了解决这一问题，古生物学家史考特·山普森提出了一种全新的理念——金发姑娘假说，也就是说恐龙属于内温性和外温性之间的中温性。

这一假说提出了恐龙如何将体内的能量分配在“生产”（如生长和储存能量等）和“维持”（寻找食物和产生热量等）这两个方面。

内温性动物的身体代谢量要比外温性动物多，所以它们会在“维持”上消耗更多的能量，而外温性动物则会在“生产”方面消耗更多的能量。对于恐龙来说，用于“维持”的能量要比其祖先少，所以它们将更多的能量投入“生产”上，因而它们会有快速生长期，而其剩余能量则让它们长出了角和冠饰等结构。

“金发姑娘假说”可以解释蜥脚类恐龙维持体温的问题。如果恐龙是中温性动物，就不会像内温性动物一样需要吃大量的食物才可以维持身体的正常运转。

同时，“金发姑娘假说”也可以解释为什么恐龙的“祖先”和其“后代”都有生活在海洋中的种类，却唯独没有生活在海洋中的恐龙。因为在水中生活的动物需要消耗更多的热量，而内温性动物可以通过大量进食来维持体温，外温性动物则没有什么热量可以失去，但对于中温性的恐龙来说，它们想要只吃少量食物就在水中生活，这显然是不可能的事情。

进食的恐龙

不信，你可以在游完泳后感受一下自己的体力消耗情况。

我散发出的热量可以让我孵化宝宝！

史考特·山普森认为恐龙是其“祖先”和“后代”的中间过渡环节，也就是说外温性的爬行动物逐渐演化为中温性的恐龙，再演化为内温性的鸟类，而且有些和鸟类亲缘关系较近的恐龙已经演化为内温性动物，如具有孵蛋行为的窃蛋龙家族，要知道孵蛋可是内温性鸟类独有的特征。

巨盗龙

俗话说："鱼和熊掌不可兼得。"所以内温性的恐龙无法长得特别大，古生物学家推测，镰刀龙和巨盗龙等体形较大的恐龙为了满足自身高代谢的需求，其饮食习惯逐渐从肉食转变为植食。

由此看来，许多非鸟恐龙可能会和现生的金枪鱼、棱皮龟以及针鼹一样采取"中温性"的生长策略，而其他的恐龙则和现生鸟类一样采取"内温性"的生长策略。

金枪鱼

且不说古生物学家能不能穿越，恐龙能否配合都是一个大问题！所以古生物学家依靠的并不是什么时光机，而是通过碳氧团组温度计来得知恐龙的体温。什么？难道是温度计自己穿越回去吗？当然不是，碳氧团组温度计是一种地球化学研究方法，它可以准确地测算出矿物形成时周围小环境的温度，几乎不会受到大环境的影响。

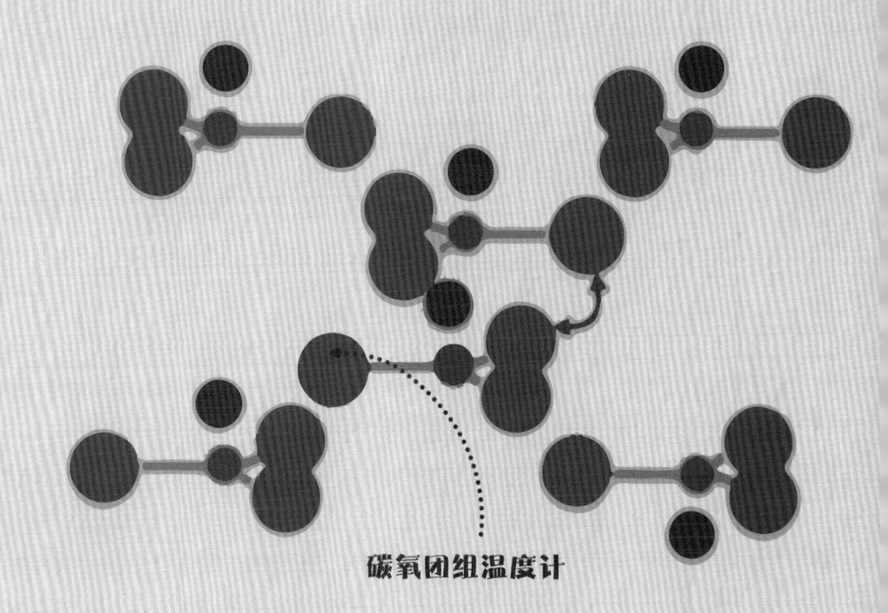
碳氧团组温度计

2011 年，环境地球化学学者 Robert Eagle 将这种方法应用到了恐龙牙齿的研究中，从而得到了非常准确的恐龙体温。但许多学者从生物学的角度对这项结论提出了质疑，认为动物的体温并不是均匀分布的，因此牙齿的温度只能代表恐龙的口腔温度，而不能代表它们的体温。

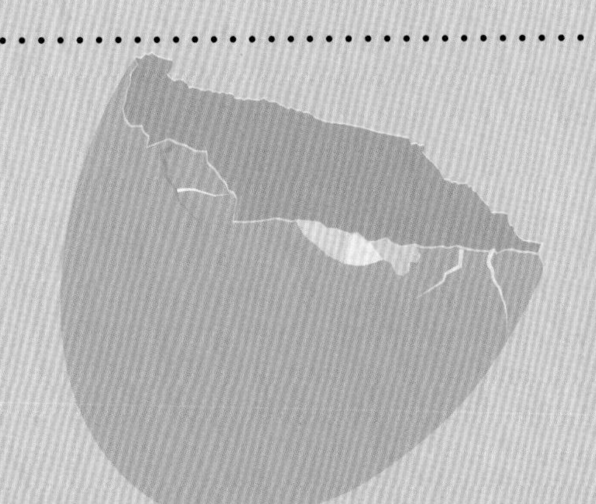

遭受质疑的 Robert Eagle 团队并没有放弃，他们将研究方向转向了恐龙蛋化石，不得不说，这个想法真的是太棒了！因为雌性动物的生殖系统位于身体内部最核心的位置，所以只要测得蛋壳的温度，就可以推算出动物的体温。

蛋壳

2015 年，Robert Eagle 团队又获得了两类恐龙的体温数据。一类是蜥脚类恐龙的体温在 35℃ ~ 38℃，和现生的内温性哺乳动物差不多；另一类是兽脚类恐龙的体温在 32℃左右，这些结果似乎印证了一些学者的“巨温性假说”。然而，这项研究很快又涌现出了新的问题，如刚刚产下的恐龙蛋可以代表母体的核心温度，但埋藏了数千万年的恐龙蛋是否还可以呢？

体温调节策略 → 内温性 / 中温性 / 外温性　巨温性

2020 年 2 月，美国耶鲁大学的 Robin Dawson 等人发表了关于恐龙内温性这一问题的最新研究。他们通过一些专业的方法解决了之前 Robert Eagle 团队所遇到的问题，从而显示出恐龙的体温可以达到 38℃ ~ 44℃，而当时的环境温度大约是 25℃ ~ 28℃。

由此来看，虽然不同的恐龙类群有着不同的体温，但都明显高于环境温度。这也就意味着，恐龙具有相对主动的体温调节策略。既然如此，让我们回归到最初的问题——“恐龙是否会感染冠状病毒？”我想根据现有的研究成果可以得知，它们很可能会被某种冠状病毒感染。

来自中生代的“彩蛋”

你喜欢吃皮蛋瘦肉粥、皮蛋豆腐或皮蛋卷吗？或许有些人看到黑乎乎的它们会望而却步，但皮蛋是中国的传统风味食品，富含丰富的蛋白质和矿物质等。不过它们的外表总会给人一种放了很久的感觉，所以一些人就给它们取名为世纪蛋、百年蛋，甚至也有叫千年蛋的。

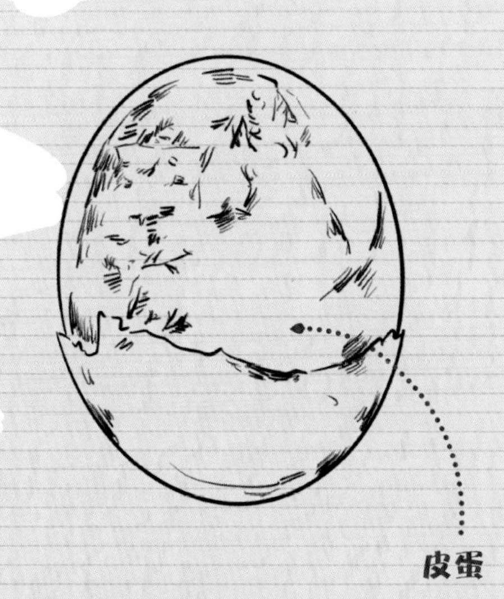

当然，在我们的生活中，皮蛋肯定不是“腌渍”了百年甚至千万年的蛋，但你是否想过，如果真的有保存了千万年的蛋呢？这样的蛋到底会是什么样子的呢？

不要觉得不可思议，自然界中还真的有保存了千万年的蛋。这些蛋的形状和大小差异很大，有长圆形、圆形、长形等。大一点的直径可达 30 厘米，差不多有一颗篮球那么大，小一点的直径仅约 4.5 厘米，就像现在的鹌鹑蛋。这些神奇的蛋就是恐龙蛋。当然，保存了这么久的蛋定然是不能孵化了，但它们却让古生物学家对恐龙有了进一步的认识。

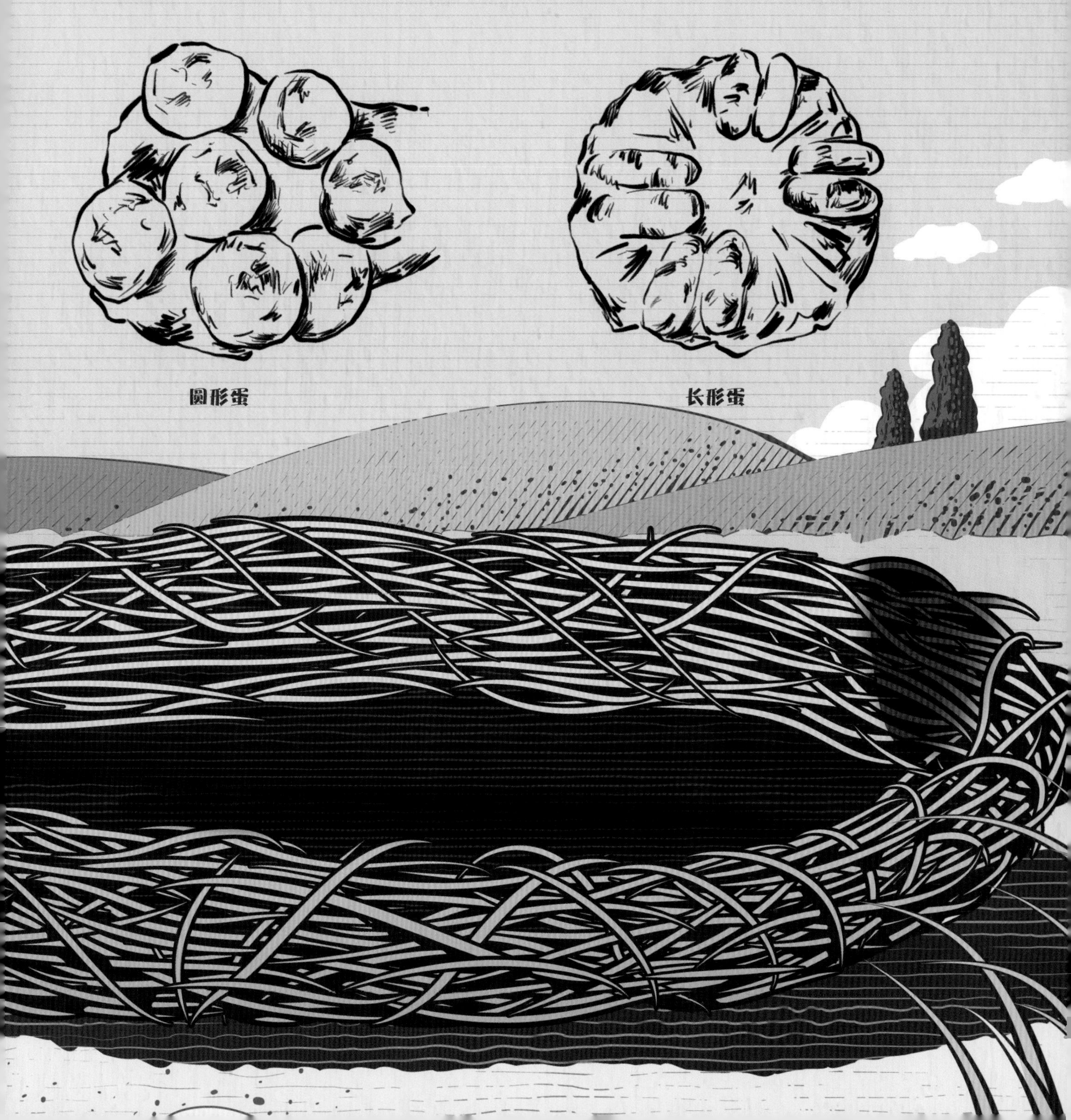

圆形蛋

长形蛋

中国是世界上发现恐龙蛋种类和数量最多的国家，已研究命名的恐龙蛋种类有 60 多个，主要分布在山东、广东、浙江、江西、河南、内蒙古、辽宁等地。其中在河南西峡、广东南雄、江西赣州等地发现的恐龙蛋分布面积最广且保存最为完好。

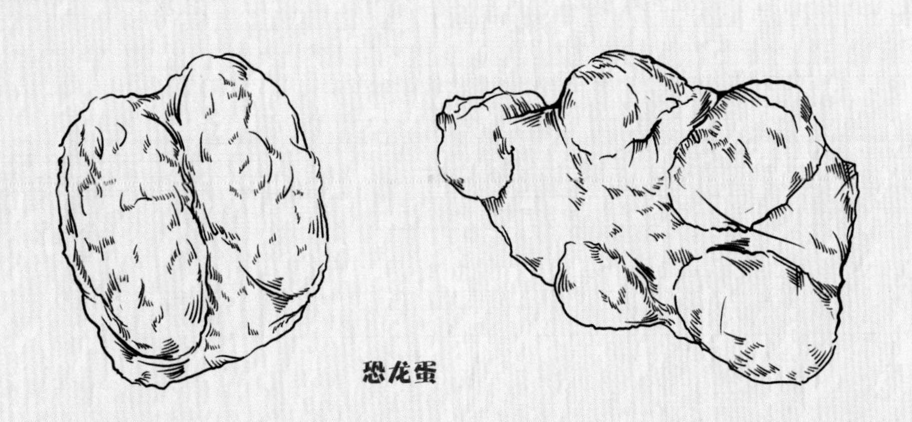

恐龙蛋

恐龙化石大多分布在三叠纪晚期、侏罗纪和白垩纪早期，而这些恐龙蛋化石主要分布在白垩纪晚期的地层中。

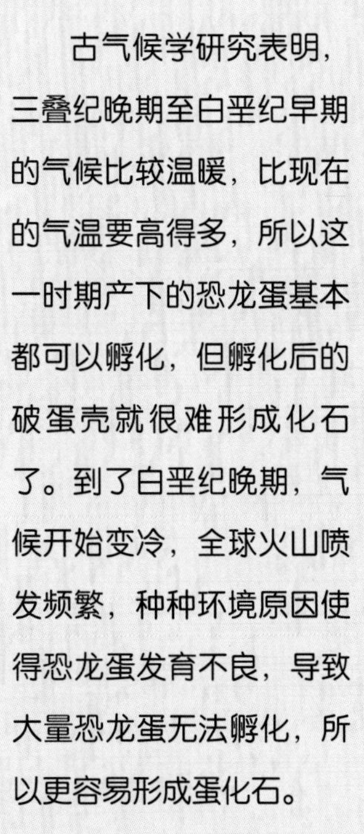

古气候学研究表明，三叠纪晚期至白垩纪早期的气候比较温暖，比现在的气温要高得多，所以这一时期产下的恐龙蛋基本都可以孵化，但孵化后的破蛋壳就很难形成化石了。到了白垩纪晚期，气候开始变冷，全球火山喷发频繁，种种环境原因使得恐龙蛋发育不良，导致大量恐龙蛋无法孵化，所以更容易形成蛋化石。

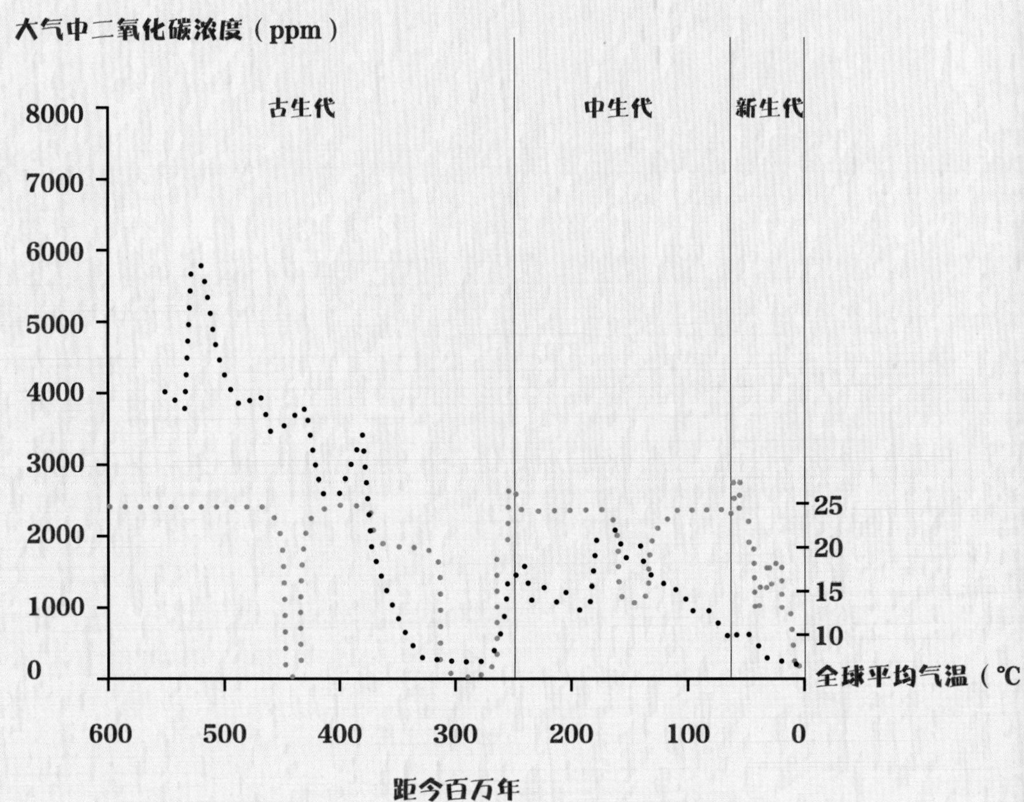

20 世纪 20 年代，美国自然历史博物馆中亚科学考察团在内蒙古二连浩特市附近发现了许多恐龙化石和恐龙蛋化石，这是人类首次发现的恐龙蛋化石，同时也拉开了恐龙蛋研究的序幕。

也正是在此次科学考察中，古生物学家在一窝恐龙蛋周围发现了一个破碎的小型兽脚类恐龙的头骨。

这只恐龙长着一双大眼睛和一个尖锐的喙，看起来就不像是“好龙”，所以当时的研究人员认为这只恐龙正在偷原角龙的蛋，因而给它起了一个不光彩的名字——窃蛋龙。自此之后，窃蛋龙家族就背上了“偷蛋”的锅。

正在孵蛋的窃蛋龙

1993 年，美国的考察团再次回到蒙古戈壁沙漠考察，他们发现了窃蛋龙的近亲——葬火龙，该恐龙正以孵蛋的姿势趴在一窝恐龙蛋上。而且最重要的是，随着研究的不断深入，古生物学家还在这窝蛋中发现了恐龙的胚胎化石。这窝蛋的形态与 70 年前发现的那些恐龙蛋化石是相同的。由此表明，窃蛋龙是十分优秀的父母。

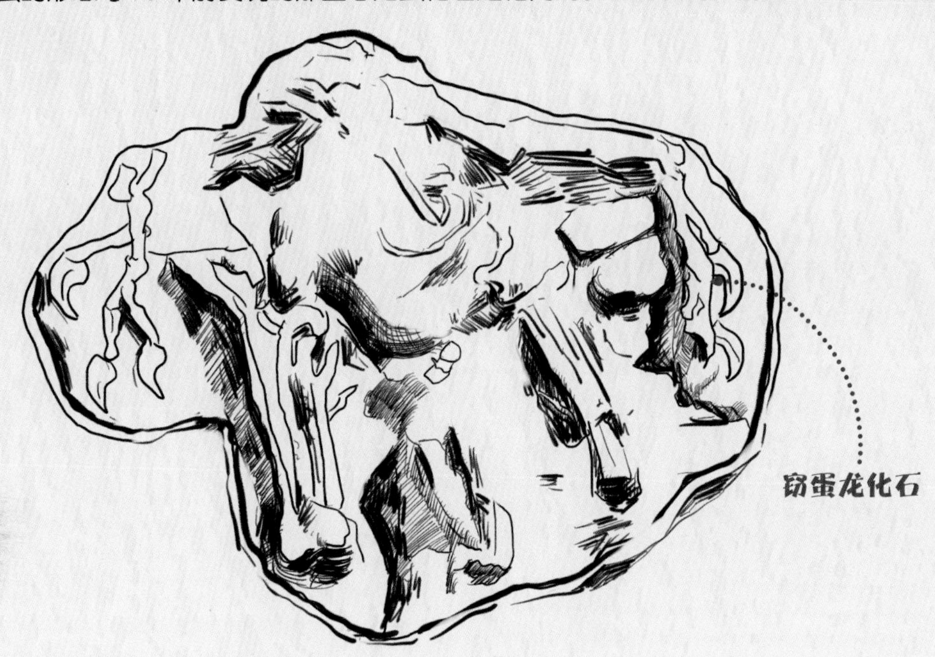

窃蛋龙化石

2021 年，古生物学家再次为窃蛋龙正名。他们在江西赣州发现了一只生活在约7000 万年前的窃蛋龙化石，这只窃蛋龙体长约 2 米，死亡的时候大约 11 岁，是一只成年的窃蛋龙。除此之外，古生物学家还在它的身下发现了至少 24 枚蓝绿色的蛋化石，其中还保存有 7 个未孵化的胚胎。

这是世界上首次发现保存有成体、胚胎、蛋窝的窃蛋龙孵卵姿势的化石。

或许你的关注点已经放在了“蓝绿色的蛋”上，是的，你没有看错。许多人总是认为恐龙蛋应该和鳄鱼等爬行动物的蛋一样呈白色。但近些年来，古生物学家用化学分析的方法确认了一些窃蛋龙的蛋和美洲旅鸫的蛋一样呈蓝绿色。

古生物学家曾认为窃蛋龙会像鳄鱼等爬行动物一样，将蛋直接埋在树叶、枯草和沙土下，然后通过太阳的热量进行孵化。但此次发现的这只窃蛋龙和现代鸟类的孵蛋姿势，相同：其前肢向下、向后张开，并覆盖在巢穴上，后肢折叠在身体的下面，而身体重心正好位于巢穴的中心。

或许你会说，窃蛋龙体形较大，采用这样的孵蛋姿势，难道不会把蛋压碎吗？

其实窃蛋龙是很聪明的，它们排列蛋的方式很奇特。

窃蛋龙会在巢穴的中间堆一些土，并将蛋倾斜地安放在土堆边，然后呈上下环状排列，就像一个个甜甜圈。古生物学家在江西赣州发现的这组蛋化石有三圈。而窃蛋龙在孵卵的时候，其身体重心正好位于没有蛋的地方，身体周边的羽毛也可以将蛋覆盖住。

通过这波操作，窃蛋龙不仅不会把蛋压碎，还可以为它的宝宝提供热量。

根据古生物学家的进一步研究发现，这组蛋化石中的胚胎骨骼还处于不同的发育阶段，而且同一层蛋的孵化温度也不同。由此表明，窃蛋龙具有部分现生晚成鸟异步孵化的特征，也就是说，它们是在不同的时间孵化。

这为古生物学家了解窃蛋龙的孵卵行为和孵化方式提供了最新证据。

晚成鸟（燕子）

晚成鸟

晚成鸟（如燕子等）指的是在破壳后还没有发育完全的鸟类，它们还需要自己的爸爸妈妈喂养一段时间才可以独立生活。雏鸟会在不同的时间孵出，中间可能会间隔几天甚至十几天。这样在食物短缺的时候，就可以保证一些雏鸟拥有足够的食物。

除此之外，古生物学家从窃蛋龙巧妙的蛋窝模式中还发现了许多秘密。早在1997年，古生物学家Varricchio等人发现窃蛋龙蛋窝中的蛋都是两两成对，围成一圈，从而提出了“单次排卵假说”，也就是说，雌性窃蛋龙和现生鳄鱼等爬行动物一样，每次可以产两枚蛋。

蛋化石

2005 年，古生物学家在美国《科学》杂志上报道了一个标本的发现，即在江西赣州发现了以三维状态保存的窃蛋龙骨盆标本，这件标本中含有一对带壳的卵，从而强有力地支持了“单次排卵假说”。

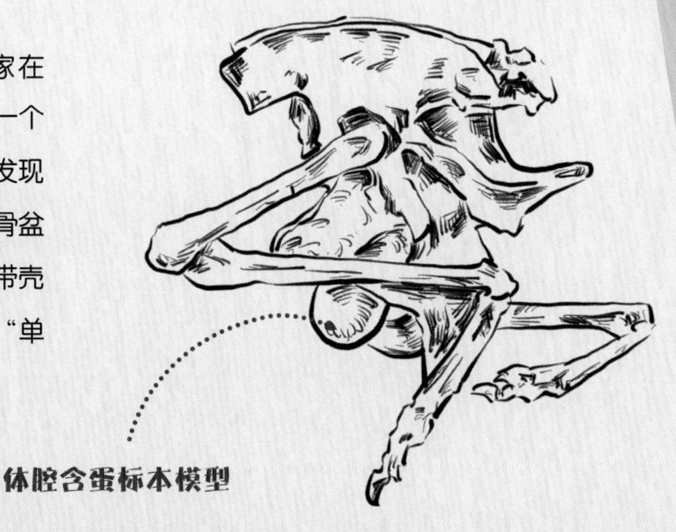

体腔含蛋标本模型

由此表明，窃蛋龙的产蛋模式刚好介于现生鸟类和现生鳄鱼之间。

因为现生鸟类每次的产蛋数量都比较少，而现生鳄鱼虽然在产蛋数量上胜于窃蛋龙，但窃蛋龙可以快速且连续地产出两枚蛋。

除此之外，窃蛋龙的蛋化石表面有一些突起的纹饰。这些纹饰在蛋壳中央部分，排列规则且纵向拉长，而在蛋壳的两端还有一些独立分布的小圆点。

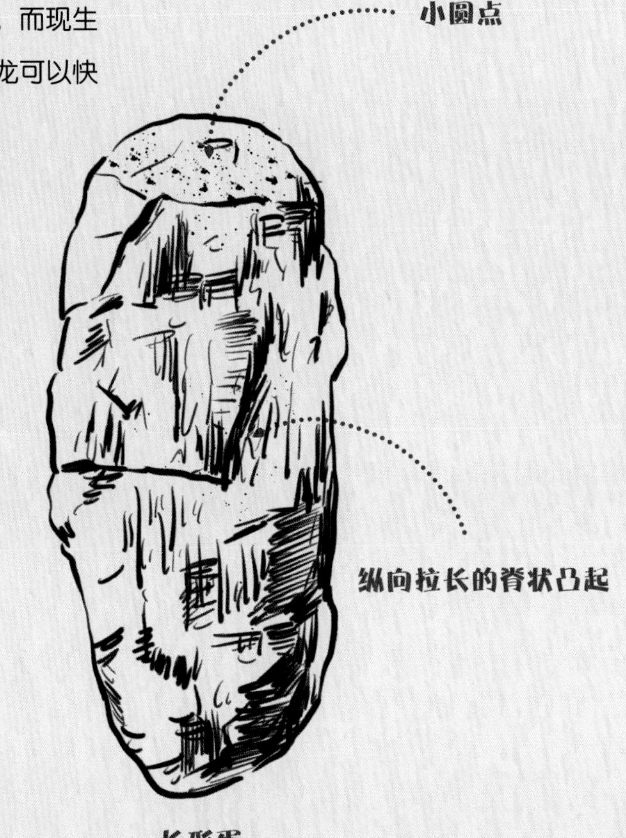

长形蛋

古生物学家推测这些纹饰可能具有固定的作用。对于现生鳄鱼来说，它们每次会产 30 ~ 60 枚蛋，这些蛋很脆弱，如果发生侧向翻转，这些蛋就无法成功孵化，所以它们的蛋表面会有一层黏稠的胶状物，可以将蛋固定在沙土上。而窃蛋龙的长形蛋也需要固定起来，从而保证蛋可以成功孵化。所以窃蛋龙蛋壳上凸起的纹饰可以让彼此相邻的蛋“镶嵌”在一起。

与此同时，这组蛋化石还传递出了一个十分有趣的消息——正在孵蛋的窃蛋龙很可能是一位“好爸爸”。

因为雌性在产完蛋后，体内的钙会严重流失，而且其骨组织结构也与雄性不同，所以古生物学家从钙含量、骨组织结构等方面推测，这只窃蛋龙很有可能是雄性。

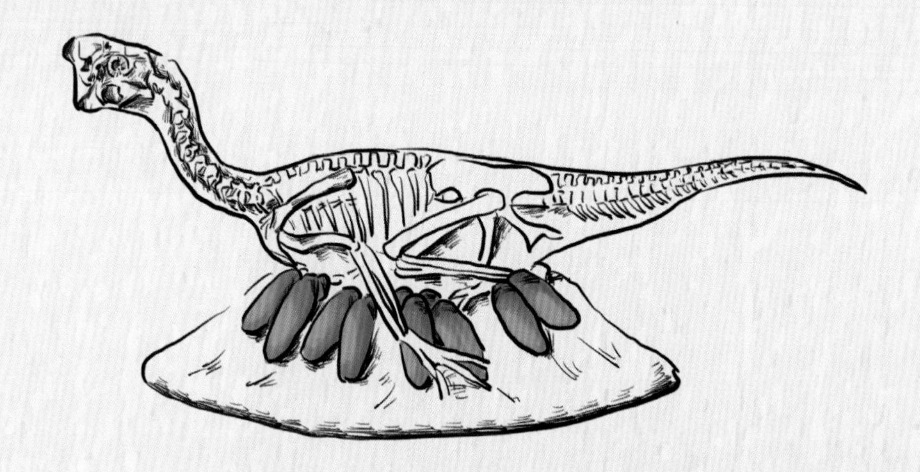

由此，古生物学家为我们还原出了一个动人的故事。

大约在7000万年前的一个清晨，一只名叫小宇的窃蛋龙警惕地看了看周围的环境，确认安全后，它微微起身，熟练地清点着身下那些比鸵鸟蛋略大，呈长椭圆形并泛着蓝绿色光泽的蛋。这窝蛋排列得十分巧妙，其中内圈有3颗，中圈有9颗，外圈有12颗，就像美术馆中的展品。

小宇温柔地看着它的宝宝，反复地清点着数量，好像它们马上就可以出生似的。在确认完数量无误后，小宇又小心翼翼地将身体的重心放在巢穴的中心，并将它的羽毛覆盖在蛋的上面。

古生物学家发现在小宇的这窝蛋中，一枚蛋中已经有了完整的骨骼结构，一枚蛋中长出了脊椎和部分肋骨，一枚蛋中的腿骨也在慢慢成形，而这三枚蛋都是来自外层蛋圈，也就是在小宇的臀部下方。这几枚蛋还没有出生就已经赢在了起跑线上，因为它们的孵化温度明显要高于其他“兄弟姐妹”。小宇的这些宝宝和现生鸟类一样不会同时孵化，更不会让小宇猝不及防地同时迎接 24 个新生宝宝，宝宝会给小宇留出更多的准备时间。

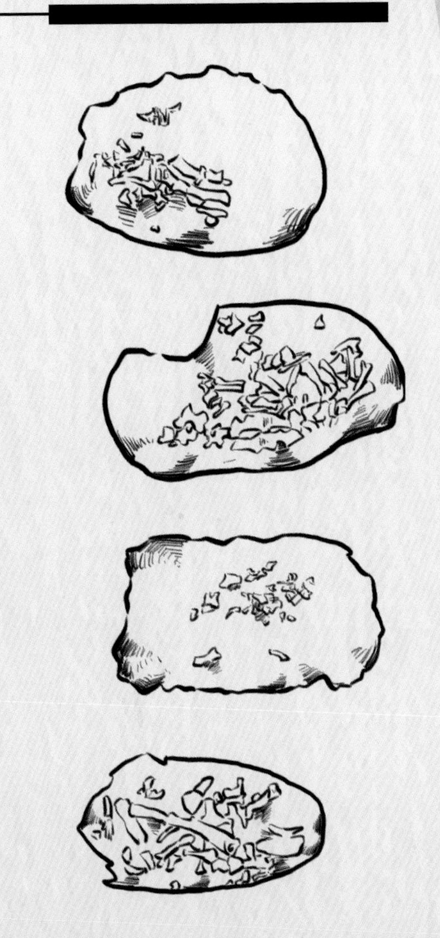

窃蛋龙蛋扫描图，可以看到不同发育阶段的胚胎

小宇是一位超级细心的父亲，他密切地关注着孩子们的成长，不敢有丝毫懈怠。有时候它趴得困了，就会摆弄摆弄身边的小石头，遇到漂亮光滑的石头，它会吞下去“收藏”起来。小宇总是幻想着日后，并决心要将自己的“毕生所学”都传授给这些孩子们。

有一天，小宇发现自己身下的蛋在频繁地震动——幼龙啄壳，它高兴地抖动着翅膀，准备迎接第一个孩子的到来。可世事难料，兴奋的小宇丝毫没有感受到危险正在悄然逼近。

浓厚的乌云已经将整个天空笼罩，太阳被完全遮挡，昏暗的天地让小宇感到压抑和不安。这时，树枝开始颤抖，沙尘在空中翻滚，大地开始震颤，仿佛在向小宇宣告着世界末日即将到来。

天空也因此愈发黑暗，仿佛一片黑色的幕布即将拉开。

而后，雷声轰鸣，电光划过，大雨迅猛地倾泻而下，水珠击打在地面上，如同鼓点发出的拍击声。狂风凶猛地吹动着树木，令枝叶摇曳不定。泥石流就像一只凶猛的野兽迅速吞没了这片宁静的森林，也吞没了小宇和它的孩子们。

小宇在生命的最后一刻仍守护着它的孩子们，直到千万年后，古生物学家找到了它们，为我们讲述了小宇一家的故事。小宇一家的结局或许并不完美，但让我们对窃蛋龙的形象和繁殖过程，例如筑巢、产蛋和孵化等行为有了更科学的认识。

相信通过古生物学家的不懈努力，我们将离真相越来越近。

彩蛋时间：一枚来自 9000 万年前的“彩蛋”

1993 年，河南省西峡县的几位村民在一个山坡上发现了一窝恐龙蛋化石。这窝蛋化石中有 5 枚恐龙蛋，它们整齐地排列在一个直径约 3 米的巢穴中。令人惊奇的是，其中一枚蛋中还蜷缩着一只完整的恐龙宝宝，它白色的骨骼在灰黑色的蛋壳中显得格外与众不同。

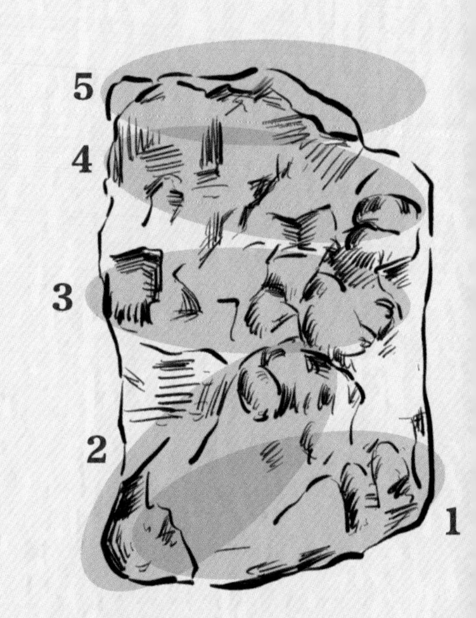

中华贝贝龙的蛋和骨骼。右图恐龙蛋 1-4 位于骨骼下的上层，恐龙蛋 5 位于低层。

不幸的是，当这只恐龙宝宝再次现身的时候，早已被人通过走私非法运到了美国。当时，美国《国家地理》杂志的摄影师——Louie Psihoyos 一眼就爱上了这只可爱的恐龙宝宝，还给它取了一个昵称——“路易贝贝”，并为它拍摄了许多照片。美国国家地理杂志社还请艺术家 Brian Cooley 制作了等比例的模型，并在 1996 年 5 月刊的封面上刊登了此模型的照片。加拿大的一位古生物学家也在该杂志上首次报道了“路易贝贝”，这一系列操作使得“路易贝贝”成为全世界的焦点。

路易贝贝

2001 年，“路易贝贝”的化石被美国印第安纳波利斯儿童博物馆收购，并经专业人员修复后正式在馆内展出。但该标本来源并不合法，所以漂泊数年后，“路易贝贝”终于在 2013 年 12 月回到了中国，在河南省地质博物馆安家落户。

2017 年，经过古生物学家吕君昌等人的研究，他们发现这个恐龙宝宝与之前所发现的窃蛋龙类都不同，它是一种大型窃蛋龙类恐龙，所以正式将其命名为“中华贝贝龙”。从中华贝贝龙的吻部到尾巴的长度虽然只有 38 厘米，但是古生物学家根据过去的研究推测，中华贝贝龙成年后的体重可达 1100 千克。

贝贝龙的骨骼化石

中华贝贝龙的发现为窃蛋龙家族增添了新成员，也为古生物学家进一步了解窃蛋龙类的个体发育提供了重要信息。

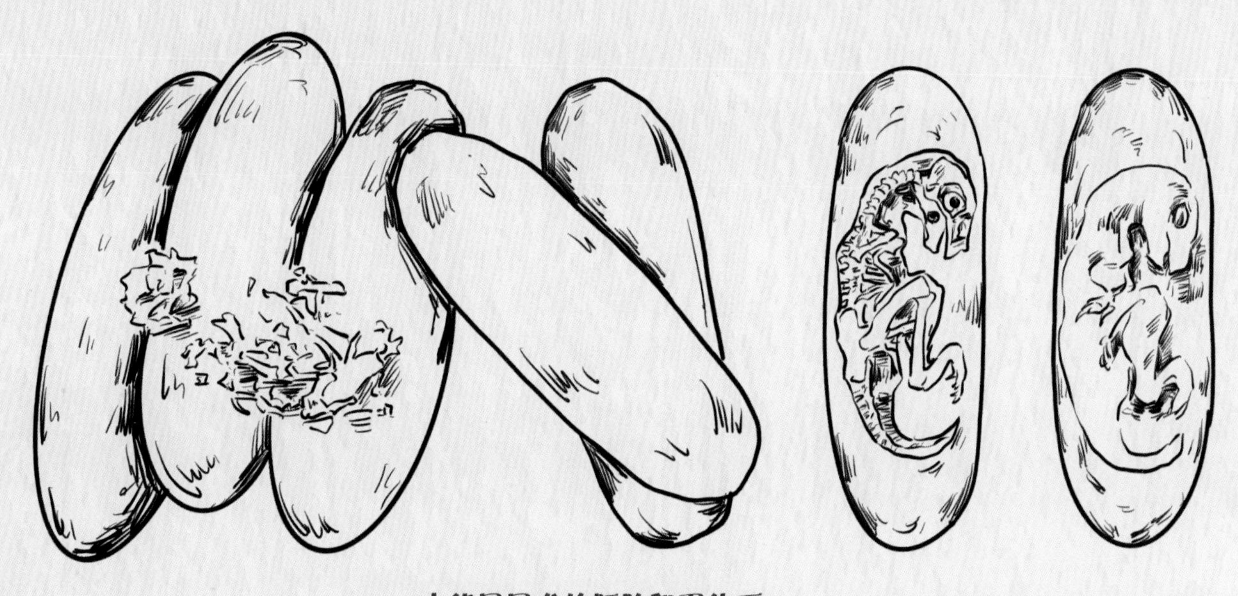

中华贝贝龙的胚胎和蛋化石

相信在一些我们还未发现的地层中仍有许多像中华贝贝龙这样的“彩蛋”在沉睡，等待着我们进一步探索、发掘。

但别着急，时间总会告诉我们答案。

不断变化的恐龙

如果有人让你帮他画一只暴龙，你会怎么画呢？是以影片——《侏罗纪公园》中的暴龙为原型吗？

如果是这样的话，想必他对你的画作不会很满意，因为电影中的暴龙是由两栖动物和爬行动物的遗传基因合成后得到的。

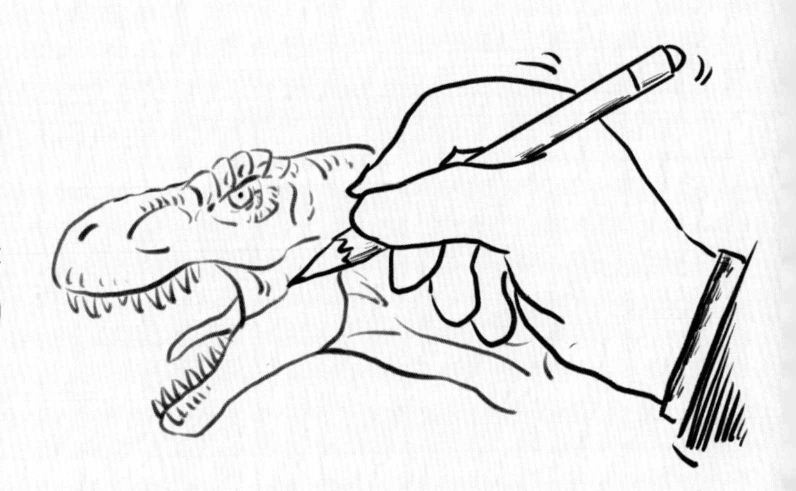

或许你也会阅读很多书籍。

可是如果你画的暴龙是一只羽毛浓密的“走地鸡”，我想他还是不会满意。因为在暴龙生活的时期，气温要比现在高多了，体形那么大的暴龙如果身披浓密的羽毛，可能早就被热死了。

或许你会说这是阅读了很多书籍才画出的科学复原图。但是很抱歉，这些书籍是旧版的。目前最新的学说已表明，只有幼年的暴龙才会长羽毛。

此时此刻，如果你的耐心足够好，或许还会继续帮他将那只暴龙身上浓密的羽毛去掉。但他还是很不满意，因为暴龙的体表是由鳞片构成的，并不是简单地将羽毛去掉就可以……

听完上述种种修改意见，或许你已经不知道该怎么办了，又或许你突然想到了《小王子》中飞行员给小王子画的那只“羊”。于是你也草草地画了一个箱子并告诉他：“暴龙就在里边。”我想此刻他定会给你一个满意的微笑，因为这就是他想要的。

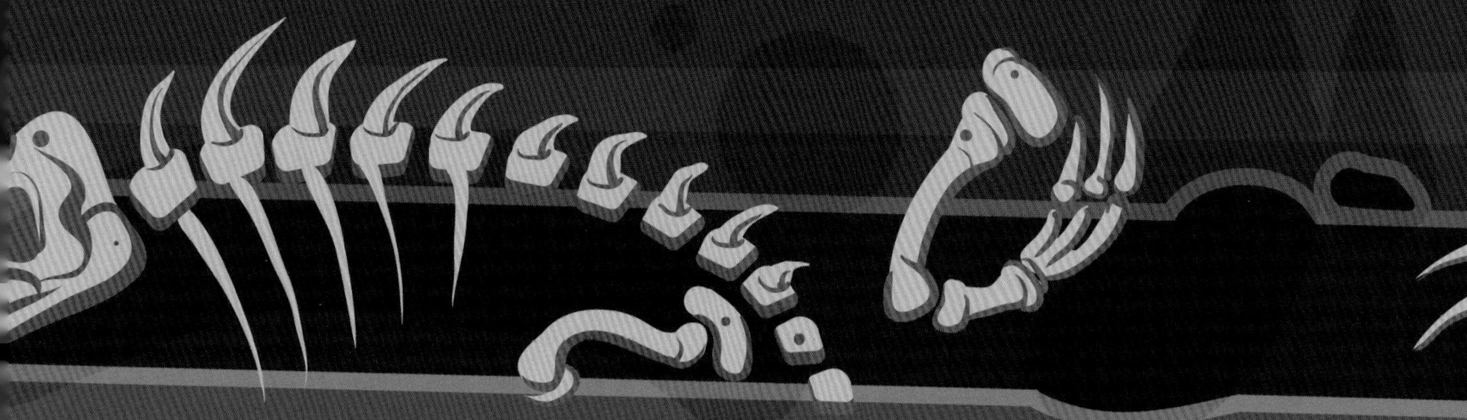

其实，古生物学家对于恐龙形态的设想，在不同的时代是不同的。从最开始类似大鳄鱼的形态到类似巨型犀牛的形态，再到和袋鼠一样可以快速奔跑的双足动物，最后才是我们今天所看到的模样。

奔跑的迷你豫龙

古生物学家对于恐龙形态的设想都是基于恐龙的骨骼形态，并根据其四肢特点来确定的。

你若看到古生物学家在很早之前所复原出来的恐龙形态，或许会觉得可笑。不过，先不要急着笑，因为现在的恐龙模样即便是你所能接受的，但是在若干年后的古生物学家眼中或许很荒唐。

巨型蜥蜴状禽龙模型

最初，古生物学家在建立恐龙模型的时候，是根据巨蜥或鳄鱼的样子复原的。

1830 年左右，吉迪恩 · 曼特尔医生，你还记得他吗？就是他发现了禽龙牙齿化石（详见《我心爱的巴彦淖尔龙》），他还建立了一个禽龙模型。这只禽龙看起来就像是一只体长可达 61 米的超级大蜥蜴，而且它的腹部紧贴地面。

1853 年，英国古生物学家理查德·欧文建立了一个类似犀牛的恐龙模型。虽然这样的恐龙一看就行动缓慢，但是它们的形象要更加高大威武些。

巨型犀牛状恐龙模型

1858 年，古生物学家约瑟夫·莱迪在北美地区发现了一具完整的鸭嘴龙骨骼化石。根据化石的形态来看，鸭嘴龙似乎和袋鼠一样可以用后肢站立，并用尾巴支撑身体以保持平衡。

鸭嘴龙骨架

1860 年，莱迪在他的书中提供了较完整的鸭嘴龙描述及想象图。他将鸭嘴龙描述成双足动物，与当时人们所熟知的四足恐龙形成了鲜明的对比。

20 世纪 60 年代末，古生物学家开始重新审视恐龙，许多有关恐龙演化、行为、生理机能以及灭绝的假说都在挑战着 20 世纪前半段被大众普遍接受的看法。

同时也使得大众文化中的恐龙形象发生了重大改变，这一时期被称为“恐龙文艺复兴”。

奔跑中的鸭嘴龙类（加尔冬笔下）

就恐龙形象而言，在过去的很长一段时间中，恐龙被人们复原成一类体形粗胖、皮肤松弛的生物。但英国的古生物学家加尔冬和美国的古生物学家巴克尔分别独立发表了相同的结论。

加尔冬笔下的鸭嘴龙类呈奔跑状且身体平行于地面，而巴克尔笔下的恐爪龙是一种行动敏捷且奔跑时身体平行于地面的肉食性恐龙。

走鹃

加尔冬和巴克尔重建的恐龙形象依据的是一种现生的鸟类——走鹃，这是一种身材纤细，不善于飞行但善于奔跑的鸟类，它们的奔跑速度可达每分钟 500 米左右。

这一形象在提出后被大众普遍接受，从而推翻了莱迪的袋鼠状恐龙形态假说。

古生物学家通过研究比较完整的恐龙骨骼，进一步证明了加尔冬和巴克尔重建的恐龙形象是正确的。因为恐龙的四肢骨关节特征与它们的爬行类祖先并不相同，而与现代的鸟类以及哺乳动物相似，体态都是呈站立式的。这样的体态可以帮助它们快速移动且不需要消耗太多的能量。

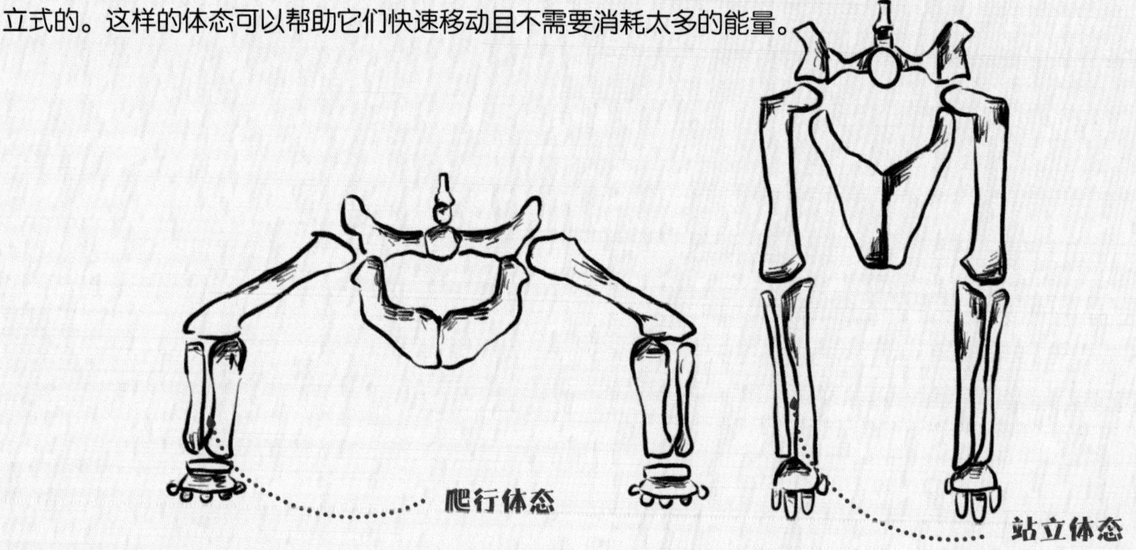

除此之外，在第一只恐龙被发现后的整整一个世纪里，古生物学家都没有弄清楚恐龙是以什么方式繁衍后代的。一些古生物学家曾认为恐龙可能会和现生大象似的，每次只产一个后代。

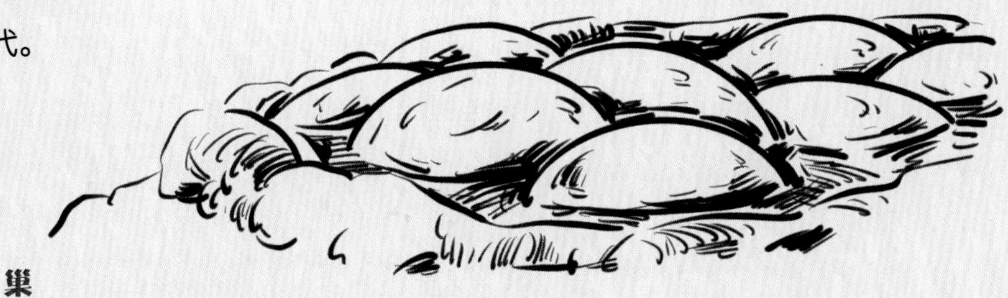

巢

一些古生物学家还认为恐龙和现生爬行动物一样会在巢中产卵。而有关恐龙繁衍的问题直到 20 世纪 20 年代才找到答案。

1923 年 4 月 17 日，美国自然历史博物馆中亚科学考察团在内蒙古二连浩特附近发现了如假包换的恐龙蛋。这让古生物学家知道了幼龙是在精心构筑的巢穴中孵化出来的。

精心构筑的巢穴

这些恐龙蛋的发现不仅证明了恐龙是卵生动物，而且证明了它们会自己筑巢，从而让我们对幼龙的生活有了更深入的了解。

通过对恐龙胚胎和幼龙的研究，古生物学家发现幼龙和其父母并不相似。

例如鹦鹉嘴龙会随着年龄的逐渐增长而改变它们的行走方式，鹦鹉嘴龙宝宝在两三岁的时候会用四足行走，而在 4~6 岁的时候则用二足行走。

鹦鹉嘴龙

这种变化容易让古生物学家将已知种类的幼龙错当成一种全新的恐龙，这也是古生物学界中争议最大的焦点之一，而大名鼎鼎的三角龙就是这场争论的焦点。

2010 年 7 月，古生物学家斯坎内拉和霍纳发表了一篇关于三角龙的形象会随着年龄的增长而变化的文章。他们在研究中证明了三角龙从幼龙到成年的这段时间中，头饰是如何发生变化的。

他们曾经发现的三角龙，被认为是已成年的恐龙，但随着进一步的研究，该三角龙其实并没有发育完全，而且正处于青年时期。真正发育完全成熟的三角龙则被错误地归到了另一个种类。

三角龙

自古生物学家在 1887 年第一次发现三角龙的化石以来，它的形象就在不断变化。当时，一位业余的地质学家在美国科罗拉多州发现了一对非常大的角和一部分头骨。他将这些骨骼寄给了著名的古生物学家马什。

最早的三角龙标本

经马什查验后，发现这些骨骼似乎属于某种巨大的植食动物——北美野牛，所以马什将这些骨骼的主人命名为“长角北美野牛”。

1889 年，一位化石猎人给马什寄了一块残缺的恐龙头骨，这块头骨和“长角北美野牛”的角很相似，所以马什判断之前发现的“长角北美野牛”也是恐龙家族中的一员。于是，马什将其改名为恐怖三角龙。

马什

马什的全名为奥塞内尔·查利斯·马什，是美国的一位古生物学家。著名的“化石战争”就是他和科普的一次竞赛，在这期间，他们共发现了 120 多种恐龙，而科普仅发现了 40 多种，所以马什最终获得了这场战争的胜利。

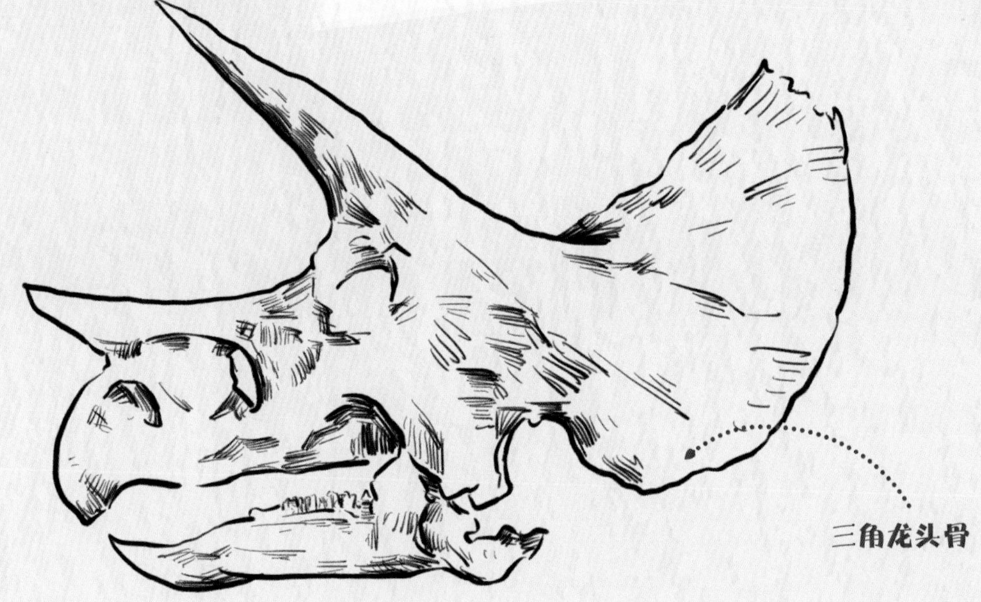

三角龙头骨

1891 年，马什的助手约翰·贝尔·哈彻在保存有三角龙化石的地层中发现了一个残缺的头骨。

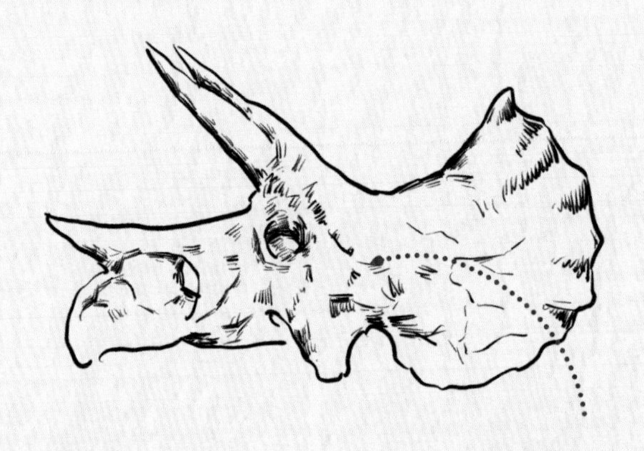

三角龙正模标本

马什认为这是角龙家族中的一位新成员，所以将其命名为牛角龙。马什的这一观点在古生物学界沿用了一个多世纪。

牛角龙正模标本

但古生物学家斯坎内拉和霍纳发现，牛角龙和三角龙的栖息地以及生存时期几乎相同，它们之间的区别也只是头骨上的细微差别。经研究表明，牛角龙其实是处于生命历程中最后一个发育阶段的三角龙。

牛角龙

虽然在过去的很长一段时间内，古生物学家常常将一些处于衰老阶段和以前没有发现过的生长阶段的恐龙视为新发现的恐龙。但随着越来越多的化石被发现，古生物学家逐渐认识到恐龙在其生命周期中的变化是很多样的。

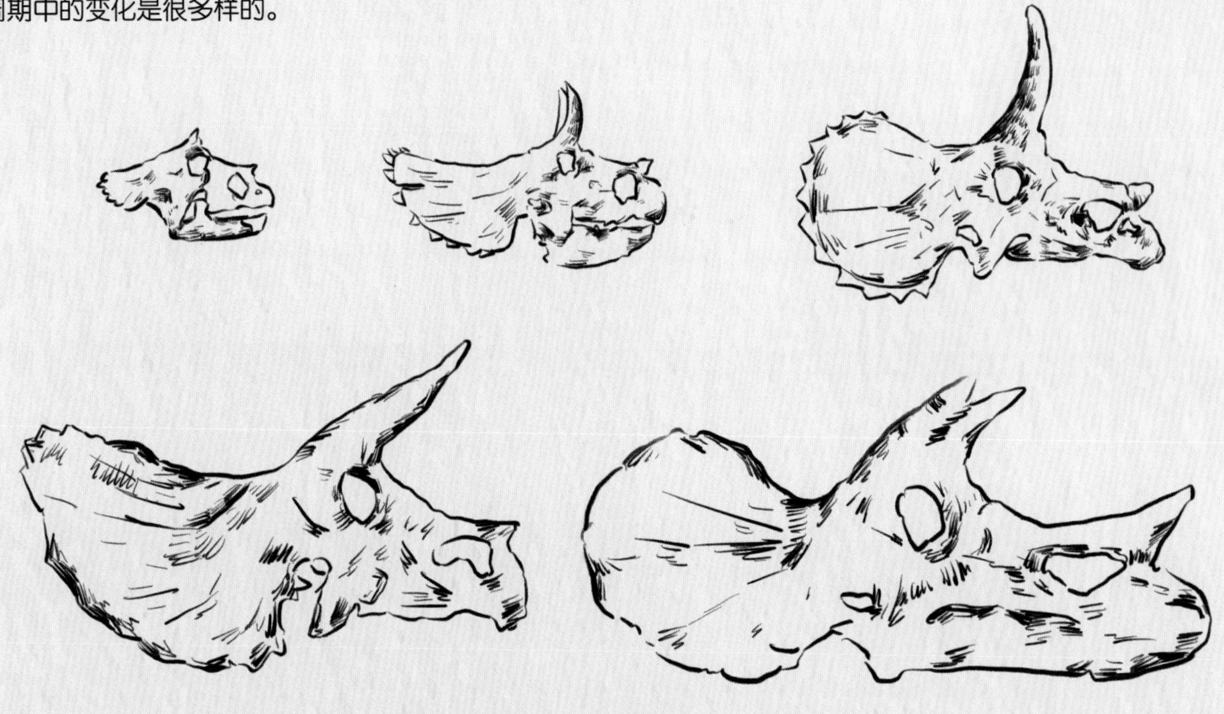

不同发育阶段的三角龙头骨

所以古生物学家将一些原先被归为新物种的恐龙又重新划分到了已命名恐龙的成熟或晚年形态。

如今恐龙科学界的面貌已和之前大不相同，但若想要毫无差错地还原出生活在 6600 万年前的恐龙样貌和习性等特征，还是比较困难的。因为对于没有留下骨骼证据的部分，古生物学家还需要借助一下“合理想象”。

三角龙

而这种想象，往往与事实之间存在着一些细节上的偏差。但我们相信，随着越来越多的证据被发现，古生物学家复原出来的恐龙样貌和习性等特征将会越来越接近真实！

第四章 追寻恐龙

提起恐龙，许多人脱口而出的可能是暴龙、三角龙、梁龙和腕龙，但这些都是生活在史前北美洲的恐龙。你能说出几种生活在中国的恐龙吗？或者你知道世界上发现恐龙种类最多的国家是哪个吗？

截至 2022 年 4 月，中国已经研究命名了 338 种恐龙，并且每年还在以新发现约 10 种的速度增长。目前，古生物学家在全国的 22 个省级行政区都发现了恐龙化石，其中，辽宁、内蒙古和四川地区埋藏了丰富的恐龙化石，是名符其实的“恐龙大户”。

我心爱的
巨盗龙

窃蛋龙家族来报到

我是二连巨盗龙，我的化石发现于内蒙古自治区二连浩特市。

我是高蒂尔氏切齿龙，我的化石发现于辽宁省北票市。

我是千禧刑天龙，我的化石发现于辽宁省锦州市。

我是邹氏尾羽龙，我的化石发现于辽宁省北票市。

我是迷你豫龙，我的化石发现于河南省洛阳市。

我是戈壁乌拉特龙，我的化石发现于内蒙古自治区巴彦淖尔市。

我是泥潭通天龙，我的化石发现于江西省赣州市。

我是赣州华南龙，我的化石发现于江西省赣州市。

我是杰氏冠盗龙，我的化石发现于江西省赣州市。